全国高职高专计算机系列精品教材

Java 实例应用教程

主　编　王建虹

副主编　蔡吸礼　张海玉　李　琳

参　编　蔺建霞　韩　慧　贾润亮

中国人民大学出版社

·北京·

前　言

Java是目前全球最有影响力的软件开发工具之一，是应用非常广泛的一种面向对象的程序设计语言。Java的出现，给整个软件业带来了巨大的冲击，Java将不可避免地影响一代程序员。

初学编程的人很苦恼的一件事是不知道如何上手。传统的思路是按部就班，从基本语法到各种应用程序逐步深入。通过近几年的基于工作工程的教学改革，我们将基本概念、基本语法用比较典型的实例贯穿起来，通过学习这些实例，按照完成这些任务的过程来掌握编程知识。因为学习编程需要大量的实践，而这种方法正好符合学生的学习特点，所以取得了较好的教学效果。按照基于工作过程，学中做、做中学的设计思路。从整体上将本书内容分为两个阶段（两部分）：

第一阶段，引入一个完整项目，直接带领学生做。我们用“学生管理系统”这样一个项目，简单直观地为学生展示一个完整的Java项目案例，引导学生快速入门，同时培养学生浓厚的学习兴趣。

第二阶段，深入学习Java编程。

在第一阶段的学习完成之后，学生对Java能做什么，怎么做已经有了大致的了解，这时学生自己就很盼望学习细节的内容；同时我们遵循学校教育系统化的规律特点，我们在第二部分安排系统化的内容，进一步深入学习。

但是内容组织上也打破了传统方法。设计思路是这样的：首先给出本章要完成的任务（一般是一个完整的小案例），然后按照工作过程分析任务，给出实现过程，最后总结所遇到的知识点，并且扩充完善系统知识；理论内容以够用为原则，不涉及太深奥的理论知识，但是有一定的系统性，学生入门以后有能力进一步学习。“千里之行，始于足下”。我们希望通过对本书的学习能使学生避免走很多弯路，以最快最短的时间获得最大的收益。

如果对这种教学方式不熟悉，或者数据库知识还没有学到的话，也可以先学习第二部分的内容，再学习第一部分的内容。

本书的最大特点是：

● 理论与实践一体的开发理念：以完成案例任务为目标，整个内容围绕任务的解决展开，以案例为载体，将知识点有机地融入其中，引导学生自主思考创新，全面开发学生的潜能。

● 合理的学习结构：符合读者循序渐进、由浅入深的学习习惯，内容起点低，操作上手快，学习效果好。

● 简洁流畅的语言：不讲深奥的原理，不涉及不常用的知识，只介绍程序设计最常用的内容。但技术和工具起点高，采用最新的工具MyEclipse，高调进入Java行业。

● 紧扣内容的习题和实训：在讲解完每一个任务之后，每章附有课堂练习，使学生“学中做、做中学”；每章附有紧扣所讲内容的典型习题及实训，以帮助读者巩固所学知识。

本书由王建虹任主编，蔡吸礼、张海玉、李琳任副主编，蔺建霞、韩慧、贾润亮参编。其中项目 1、8、9 由王建虹编写，项目 2、3 由张海玉编写，项目 4、5 由蔡吸礼和贾润亮编写，项目 6 由韩慧编写，项目 7、10 李琳编写，项目 11、12 由蔡吸礼和蔺建霞编写。

在本书的编写过程中，参考了大量的相关技术资料，吸取了许多同仁的宝贵经验，在此深表谢意，同时还要对那些关心和支持本书编写工作的领导、老师和同学们表示感谢。

虽然我们尽心尽力，但错误和缺点难免会有，敬请读者批评指正。

编者

2010 年 6 月

目　录

第 1 篇　使用 Java 开发数据库应用程序

项目 1　初识 Java 程序

我们的任务是开发一个简单的 Java 应用程序：在屏幕上输出“你确实喜欢学习 Java 吗?”同时输出答案 Yes 或者 No。完成本任务后，学生：

- 会用 Java 术语对程序进行初步的分析和评价；
- 会运用 Java 编写命令行程序；
- 会使用 JDK 和 Eclipse 开发环境，编译、运行、调试、维护 Java 程序；
- 掌握简单调试与排错技术。

任务 1　准备知识

1.1.1　为什么学习 Java

近年来，Java 语言一直是世界上应用最广泛的编程语言之一，因此现在有越来越多的人正努力或将要努力进入 Java 领域。如今，Java 已经不再简单地是一门编程语言，它更像一个完整的体系，一个系统的开发平台甚至被延伸成一种开源精神。Java 公用规范（PAS）已被国际标准化组织（ISO）认定，Java 技术已被列为当今世界信息技术三大要点之一。

Java 已经渐渐地渗透到各领域，你可以写出 Java Servlet，将其挂在 Apache 或其他网页服务器上；也可以写出 Java Applet，在网页浏览器上执行；甚至可以用 Java 写出数据库的 Stored Procedure，然后安装到 Oracle 8i 上。

Java 的最大特点是跨平台，如果想发布一个程序到多个平台，又不想改写大部分的程序，那么 Java 是绝佳的选择。Java 2 现在已经可以在 Linux、UNIX 和 Windows 操作系统上执行了。

在国外，特别是在美国，不论是 Sun 公司，还是其他大型企业，对于认证课程都很重视。Java 程序员是美国 Sun 公司国际认证的程序员，是目前全球最受重视、最受欢迎的程序员资格认证之一，具备这一认证就可以获得极好的工作机会和丰厚待遇。

Java 的信息文件都可从网站上免费取得。如果你能上网而且有时间，可以直接通过网络学习对象导向、Java 语言以及 Java API。Sun 公司的网站上有很多非常优秀的在线教材。

1.1.2　Java 是什么

Java 是 Sun Microsystems 于 1995 年推出的高级编程语言。

Java 领域的 JavaSE、JavaEE 技术已发展成为同 C# 和 .NET 平分天下的应用软件开发平台和技术。

当人们提到“Java”，它们通常指的是：

□ Java 程序语言

一个类似 C++ 或 Smalltalk 的编程语言。学习 Java 程序语言类似学习人类自然语言，也有一套规则和文法。

□ Java 虚拟机器（JVM）

用来执行 Java 程序。JVM 有许多平台的版本，如 Linux 和 Windows 版。有了 JVM，Java 程序就可以在不同的平台上执行，即所谓的“编写一次，到处运行”。

□ Java APIs（指的是函式库的程序设计接口）

是一组预先定义好的类别，可以在程序中直接使用。这些都是免费的，包含了档案存取、网络读写、图形接口等功能。

当人们提到“学习 Java”，通常指的是 Java 语言和 API。大家可能对 JVM 所知不多，只要对 JVM 有基本的认识，对 Java 的学习也是很有帮助的。

学习 Java 的理由中，有些是技术性的，比如垃圾处理和异常处理，有些则是非技术性的。在程序设计的领域，Java 几乎是必备的技能。

垃圾处理机制：

Java 系统不仅要为对象分配所用的内存资源，还需要跟踪资源的使用情况，定期检测出不再使用的内存，由系统自动回收并做再次分配，称为垃圾回收机制（Garbage Collection）。因此，Java 程序中将不用考虑对象的释放问题，从而减轻程序员的负担，提高程序的安全性，避免因资源耗尽而导致系统瘫痪的隐患。

异常处理机制：

Java 虚拟机提供了可靠的异常处理。Java 强迫你在一遇到有可能出问题的地方就要准备好应对之道。Java 的方法可以抛出异常，通知呼叫者程序出现情况了，这是相当好的机制。

1.1.3 Java 技术平台

自从 Sun 公司推出 Java 以来，就力图使之无所不包，Java 发展到现在，按应用来分主要分为三大块：J2SE，J2ME 和 J2EE。

□ J2SE：Java Platform，Standard Edition

J2SE 是 Java2 的标准版，是 Java 技术的核心，提供基础 Java 开发工具、执行环境与应用程序接口（API），可以用于桌面应用软件的编程，是 Java 软件开发方向的基础。

□ J2ME：Java Platform，Micro Edition

J2ME 主要应用于嵌入式系统开发，如手机和 PDA 的编程。

□ J2EE：Java Platform，Enterprise Edition

J2EE 是 Java2 的企业版，主要用于分布式的网络程序的开发，如电子商务网站和 ERP 系统。

1.1.4 Java 的开发工具

任何编程语言都离不开相应的开发工具和程序库，Sun 公司在 1996 年发布了包括运行环境和开发工具在内的 JDK1.0，之后几年又陆续发布了新版本 JDK 1.1、J2SE 1.2、J2SE 1.3、J2SE 1.4、J2SE 5.0。

在 Java 1.0 或 Java 1.1 中，API 库称为 JDK（Java Development Kit），但在 Java 1.2 版后改名为 Java2 SDK（Software Development Kit），不过很多人还是习惯称之为 JDK。当我们使用某种计算机语言开发应用程序时，除了会用到该语言所提供的 API 之外，还会用到编辑、编译、运行、调试等工具，而其整合叫做 SDK。除此之外，还有许多集成开发工具，归纳如下：

- Sun 公司的 JDK 软件包；
- 微软公司的 Visual J++；
- Borland 公司的 JBuilder；
- IBM 公司的 Visual Age for Java、WebSphere Studio；
- Oracle 公司的 JDeveloper；
- WebGain 公司的 Visual Café；
- TogetherSoft 公司的 Together；
- 开放源代码的 Eclipse、NetBeans 等。

任务 2 Sun JDK 软件包的安装

安装文件可以在 http://java.sun.com/的 download 中下载。

双击相应图标进行安装，安装过程中可以自定义安装目录等信息。例如，选择安装目录为 D:\jdk1.5。系统默认的安装路径为 C:\Program Files\Java\jdk1.5.0_07，默认的组件选择是全部安装，单击【完成】按钮即完成安装。

为了能正确使用 JDK，需要手工配置一些环境变量。

例如，Windows 98 环境配置：

在桌面【我的电脑】图标上单击右键，选择“属性”，出现“系统属性”对话框，在【高级】选项卡中单击【环境变量】按钮，弹出“环境变量”对话框，如图 1.1 所示。

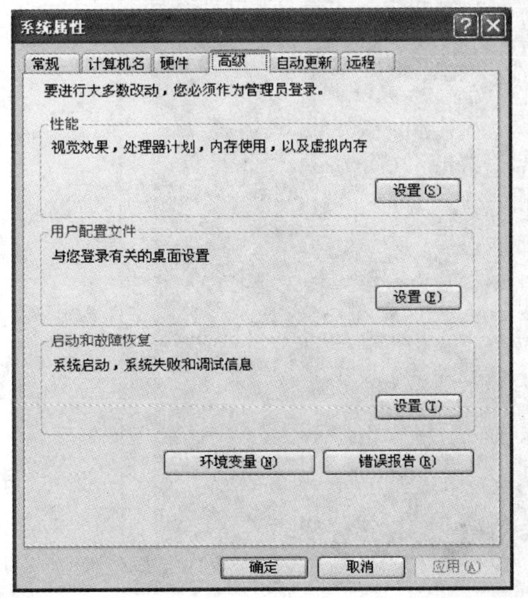

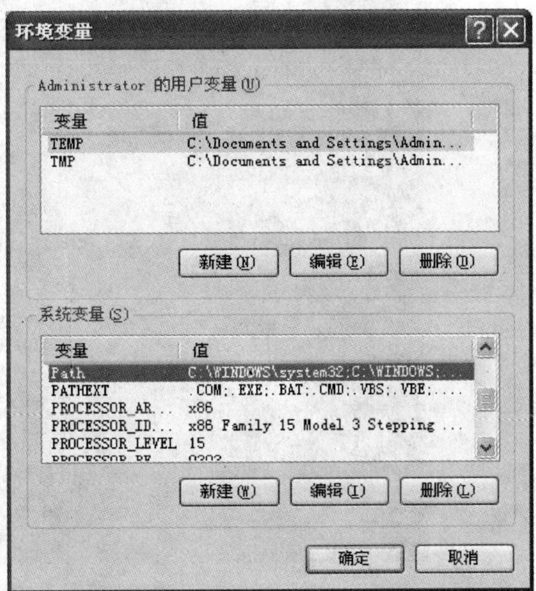

图 1.1 系统特性环境变量

在【系统变量】组框中找到 Path，单击【编辑】按钮，将 C:\Program Files\Java\jdk1.5.0_07\bin 加入到【变量值】文本框中，如图 1.2 所示，单击【确定】按钮结束编辑变量。

• 若没有找到 Path，则选择【新建】按钮，设置变量名为 Path，变量值为 C:\Program Files\Java\jdk1.5.0_07\bin。

用同样方法设置环境变量 classpath，其值为 .;C:\Program Files\Java\jdk1.5.0_07\lib。

设置完成后，在 DOS 窗口下测试配置是否成功。执行【开始】→【运行】，输入 cmd，如图 1.3 所示。单击【确定】按钮后，打开一个 DOS 窗口。

图 1.2　编辑系统变量

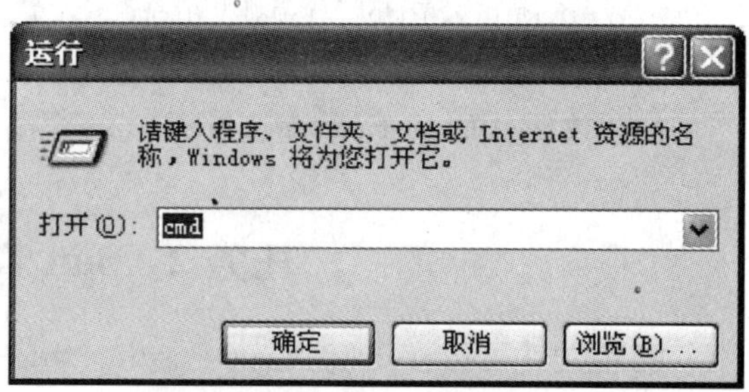

图 1.3　启动 DOS 窗口

在 DOS 窗口下输入 javac 或 java 并回车后，如果出现用法参数提示信息，则说明环境变量配置成功，显示界面如图 1.4 所示。

图 1.4　测试环境配置

任务 3　工作过程（代码及分析）

通常我们用两种方法完成任务：一种是使用 JDK 工具开发程序；另一种是使用 Eclipse 开发环境完成任务（详见项目 2）。

下面介绍使用 JDK 开发第一个 Java 程序。

步骤 1：使用记事本或 UltraEdit 等编辑器编写源代码。在记事本中输入下列代码，然后保存为 Message. java 文件。

为了便于说明程序结构，这里在每行前面加上了行号，具体程序如下所示：

```
1.  /**
2.  ·  这里用的是文档注释
3.     此类用于在屏幕上显示消息
4.     @ version1.0,2009 年 1 月 6 日
5.     @author wjh
6.   */
7.  public class Message {
8.      /* 这里用的是多行注释
9.       这是一个 main 方法
10.      */
11.      public static void main(String [] args) {
12.      //输出此消息,这里用的是单行注释
13.          System.out.print ("你确实喜欢学习 Java 吗?〈Yes/No〉\n");
14.          System.out.println("我的答案是:" + args[0]);
15.      }
16. }
```

程序说明：

- 第 1～6 行是程序说明节，说明该程序的注释信息，这是一个文档注释的形式。
- 第 8～10 行是多行注释形式。
- 第 12 行是单行注释形式。
- 第 7 行说明所定义的类，约定类名称要首字母大写。
- 第 11 行是用于在命令行方式下运行的 main()方法。其中，public 说明 main()方法可以被外部引用；static 说明 main()方法可以直接从磁盘存储中调入内存执行，不需要经过对象的实例化过程；void 说明 main()方法没有返回值；main 说明方法名称；String[]args 说明 main()方法的输入参数列表，类型为 String。
- 第 13 和 14 行调用 Java 基础类 System. out 的 print( )和 println( )方法，把字符串输出。
- 要养成程序注释的好习惯。

知识点：

(1) Java 应用程序框架。

```
public class Message {                          //声明类
        public static void main(String[ ]args) {  //Java 入口程序框架
                …这里填写代码! …
        }
}
```

Java 语言的源程序代码由一个或多个编译单元（compilation unit）组成，每个编译单元只能包含下列内容（空格和注释除外）：

- 一个程序包语句（package statement）；
- 导入语句（import statements）；
- 类的声明（class declarations）；
- 接口声明（interface declarations）。

每个 Java 语言的编译单元可包含多个类或接口，但是每个编译单元最多只能有一个类或者接口是公共的。

程序的每行以分号结束，字母区分大小写。

（2）main()方法。

一个 Java 应用程序的源程序可以有 main()方法，也可以没有 main()方法。如果该源程序所生成类文件想在命令行方式下直接运行，则必须有 main()方法。由于 main()是一种特殊的成员方法，是 Java 类程序在命令行方式下执行的入口方法，所以它的定义是固定的，形式必须和程序中第 11 行一样。

程序在保存时要特别注意文件名要与源代码中的类名（用 public 修饰的）完全相同，而且有字母大小写的区分，因此这个程序的文件名必须是 Message. java。我们将这个文件保存到 D:\Myjava 中。

步骤 2：编译源代码。

Java 程序的编译在 MS-DOS 窗口中进行。打开 MS-DOS 窗口，进入 D:\Myjava，输入命令：

```
D:\Myjava > javac Hello. java
```

由编译命令 javac. exe 对当前文件夹中的 Hello. java 文件进行编译。如果编译正确，将在文件夹 D:\Myjava 产生字节码文件 Message. class。如果程序中有编译错误，系统将终止编译并显示出错信息，按行指出错误，改正错误后，重复上面编译命令，直至编译成功。

如果系统未找到 javac. exe 命令，则说明 path 环境变量设置不正确。

步骤 3：运行。

Java 程序的运行也在 MS-DOS 窗口中进行。输入如下命令：

```
D:\Myjava > java Message yes
```

由运行命令 java. exe 可运行文件 Message. class，不用加上后缀名 . class，如图 1.5 所示。

注意：该程序需要向应用程序传递参数，这里只输入 D:\Myjava>java Message 会报错。

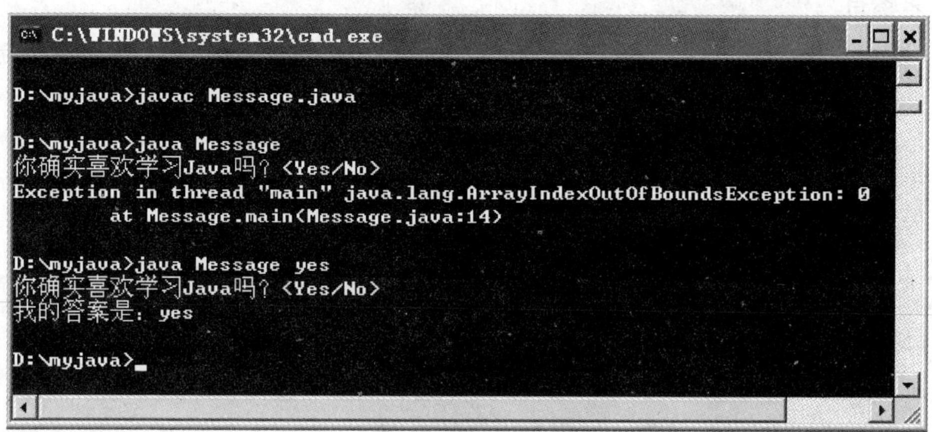

图1.5 编译与运行

知识点：

（1）Java虚拟机。

Java虚拟机是一个想象中的机器，在实际的计算机上通过软件模拟来实现。Java虚拟机有自己想象中的硬件，如处理器、堆栈、寄存器等，还具有相应的指令系统。

（2）为什么要使用Java虚拟机？

Java语言的一个非常重要的特点就是与平台的无关性，而使用Java虚拟机是实现这一特点的关键。一般的高级语言如果要在不同的平台上运行，至少需要编译成不同的目标代码。而引入Java语言虚拟机后，Java语言在不同平台上运行时不需要重新编译。Java语言使用Java虚拟机屏蔽了与具体平台相关的信息，使得Java语言编译程序只需生成在Java虚拟机上运行的目标代码（字节码文件，即.class文件），就可以在多种平台上不加修改地运行。Java虚拟机在执行字节码时，把字节码解释成具体平台上的机器指令执行。

任务4 Java的包结构

学习Java就是"调包找类"，Java API是以包的形式实现的，每个包里都含有多组相关的类，除类之外还包含接口、异常等。API是Application Programming Interface的缩写，它是我们常说的应用程序接口（可以在Sun公司的网页上找到它们）。API是一组其他程序员写好的程序，用户只需参照它的使用规则，就可以在自己编写的程序中使用。

1.4.1 包的含义

包是一系列类和接口的集合，主要解决同名类或接口之间的冲突。一个包中的符号名（如类名、接口名等）不能重名，但不同的包之间可以允许有同名的符号出现；利用包还可以将不同的.class文件放置在不同的文件目录下。

1.4.2 包的分类与调用

1. 包的分类

包分为系统包和自定义包。

(1) 系统包。

Java API 就是系统为我们提供的若干包，常用的很多功能已经包含在这里，使用时调用即可。典型常用的系统包有：

- java. lang 语言包，提供利用 Java 编程语言进行程序设计的基础类。
- java. util 实用包，包含集合框架、事件模型、日期和时间设施和各种实用工具类。
- java. awt 抽象窗口工具包，包含用于创建用户界面和绘制图形图像的所有类。
- java. text 文本包，提供与自然语言无关的方式来处理文本、日期、数字和消息的类和接口。
- java. io 通过数据流、序列化和文件系统提供系统输入和输出的文件包。
- java. applet 提供创建 Applet 应用程序所必需的类。
- java. net 为实现网络应用程序提供类。
- javax. swing 提供一组"轻量级"（全部是 Java 语言）组件，尽量让这些组件在所有平台上的工作方式都相同。
- javax. sql 为通过 Java 语言进行服务器端数据源访问和处理提供 API。
- javax. xml 根据 XML 规范定义核心 XML 常量和功能。

注意： java 包应该是基本的 Java 技术，而 javax 是扩展的一部分。

(2) 自定义包。

我们在编写程序时也可以自定义包，以后的代码均放在这个包下面。自定义包格式：

```
package 包名;
```

例如：下列代码实现将指定的两个类 MyButton 和 MyWindow 组合在一起，从而形成一个软件包 myPackage。

```
package myPackage;
class MyButton
{    }
class MyWindow
{    }
```

2. 包的调用

在以后的代码中会经常看到这种引用，用 import 语句在一个包中使用另一个包中所定义的类和接口。

例如：import 包名 . 类名；　　　　　　//引用包中的指定名称类
或 import 包名 . *；　　　　　　　　//引用包中的所有可用的类或接口
或 import 类名；　　　　　　　　　　//引用无名包中的指定名称类

注意： 如果引入的几个包中包括有名称相同的类，则使用类时必须指明所包含的包，以便编译器能正确区别它们。例如：

```
graphics. Rectangle rect;
java. awt. Rectangle rect;
```

由于 java. lang（语言包）是所有 Java 程序都需要的包，提供 Java 的核心服务，如 Object、String、Thread 类，这些类是经常使用到的，因而总是被 Java 编译器自动引入到本程序所在的包中，故不必再采用 import 引用。

1.4.3 包与 Java 文件路径的关系

(1) 包与文件系统的目录对应：名为 myPackage 的包中的所有类文件都存储在目录为 myPackage 下。

(2) 在 Package 语句中，用“.”来指明目录的层次关系（package java.awt.image 指定这个包中的类文件存储在目录 path/java/awt/image 下，其中 path 是 classpath 所指定的系统路径)。

(3) 未指定文件中的包名时（无名包时），所对应的目录为当前工作目录；在同一工作目录内的类文件为同一个包（因此在同一工作目录内的各个 *.java 文件之间不必采用 import 相互引用)。

·课后练习题1·

使用 JDK 编写一个 Java 程序，显示用户的个人信息。例如，在控制台打印输出以下内容：

姓名：　张勇
年龄：　21
性别：　男
职业：　学生
住址：　山西太原千峰南路 95 号
电话：　6580996

项目 2　学习使用 MyEclipse

“工欲善其事，必先利其器”。在众多的 Java 集成开发环境中，我们选用功能强大、操作方便的 MyEclipse 作为 Java 开发平台，以达到事半功倍之效果。

MyEclipse 是一个基于 Eclipse 的 Java 开发工具，是 Eclipse 的插件集之一。MyEclipse 为免费的 Eclipse 平台增加了大量有用的 J2EE 开发功能，而且还集成了很多常用的开源插件，大大提高了开发效率。因此，国内的很多软件公司已经在使用 MyEclipse 进行实际开发，我们希望读者也能熟练使用 MyEclipse。

任务 1　MyEclipse 的下载、安装与运行

2.1.1　MyEclipse 的下载

MyEclipse 是基于 Eclipse 的商业开发工具，分为插件版（PLUG - IN）和完全版（ALL IN ONE）两种。安装插件版时，要先安装 Ecplise，再以插件方式安装 MyEcplise，安装 MyEcplise 时要选择 Ecplise 的安装目录。

对于初学者，我们推荐安装完全版的 MyEclipse，因为它已经整合了 Eclipse，安装及使用都非常方便，下载后直接进行安装即可。实际上，在安装 MyEclipse 时，已经同时安装了 Eclipse。

MyEclipse 的下载步骤：

(1) 登录 MyEclipse 的官方网站 http://www.myeclipseide.com/。如果无法打开此网站，可以通过代理网站来访问。

(2) 进入 MyEclipse 网站首页后，单击页面中的 DownLoad 按钮，进入 MyEclipse 下载页面，可以选择要下载的版本。然后，单击 Accept License Agreement 复选框接受协议，选取需要的版本后，开始下载。

2.1.2　MyEclipse 的安装

本项目以完全版的 MyEclipse 5.5.1 为例，讲解 MyEclipse 的安装。如果需要安装其他版本的 MyEclipse，进行类似操作即可。

MyEclipse 的安装步骤如下：

(1) 双击 MyEclipse 的安装程序，系统进入安装准备，如图 2.1 所示。MyEclipse 5.5.1 安装程序的文件名为 MyEclipse_5.5.1GA_E3.2.2_FullStackInstaller.exe，双击即可运行。

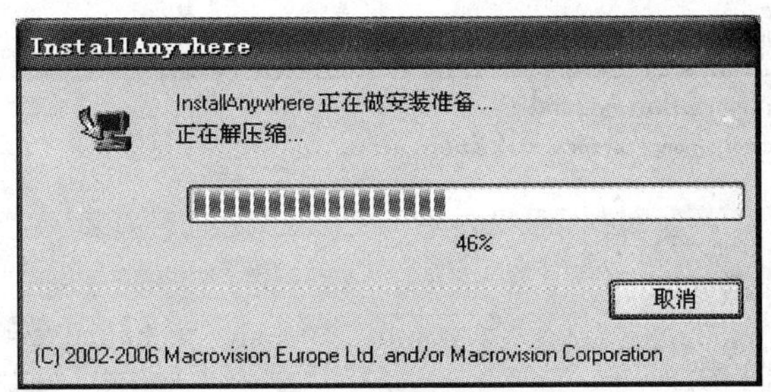

图 2.1　系统安装准备

(2) 等待系统安装准备完成后，进入安装界面，单击【Next】按钮，进入安装协议页面，如图 2.2 所示。选择“I accept the items of the license agreement”，然后单击【Next】按钮继续安装。

(3) 进入安装路径选择页面，如图 2.3 所示。一般默认安装到 C:\Program Files\MyEclipse 5.5.1 GA，可以单击【Choose】按钮更改路径。此处将 MyEclips 安装到默认路径下。

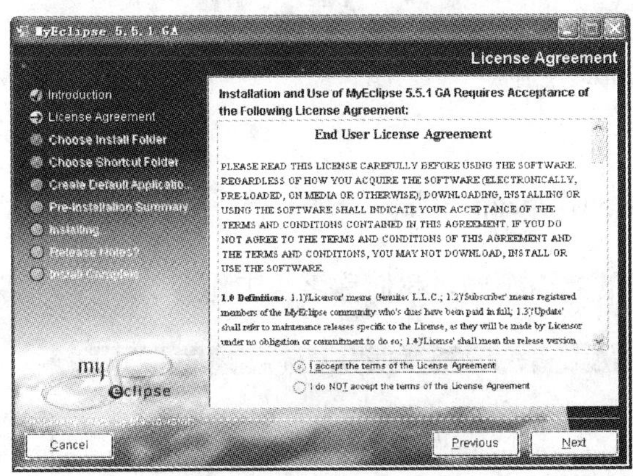

图 2.2　接受安装协议

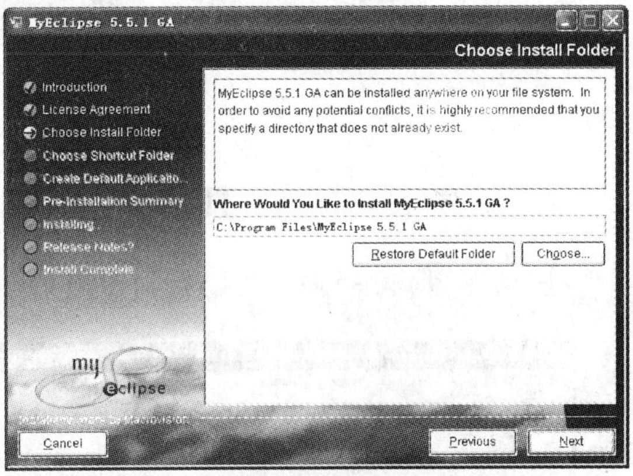

图 2.3　选择安装路径

(4) 选好路径后单击【Next】按钮，进入安装确认界面。单击 Install 按钮，等待安装并一直单击 Next 按钮，直到最后单击 Finish 按钮完成安装。

2.1.3　MyEclipse 的运行

从 Windows 系统的【开始】菜单进入，选择“所有程序”，然后选择 MyEclipse 5.5.1 GA 选项中的 MyEclipse 5.5.1 GA 即可运行。

启动过程中会提示用户选择 workspace，我们先使用默认的 workspace，单击【OK】按钮继续启动。第一次启动后主界面会显示一个欢迎页面（Welcome）。单击上面的关闭图标关闭欢迎页面，之后就可以进行 Java 程序开发了。

MyEclipse 的免费试用期是 30 天，试用期过后需要购买才能正常使用。如果已经购买或者获得了 MyEclipse 的注册码，可以在 MyEclipse 主界面中选择菜单“MyEclipse→Update Subscription”，进入填写注册码的对话框，如图 2.4 所示。然后，分别在 Subscriber 和

SubscriptionCode 文本框中输入已有的注册码信息，这样就可以没有时间期限和功能限制地使用 MyEclipse 了。

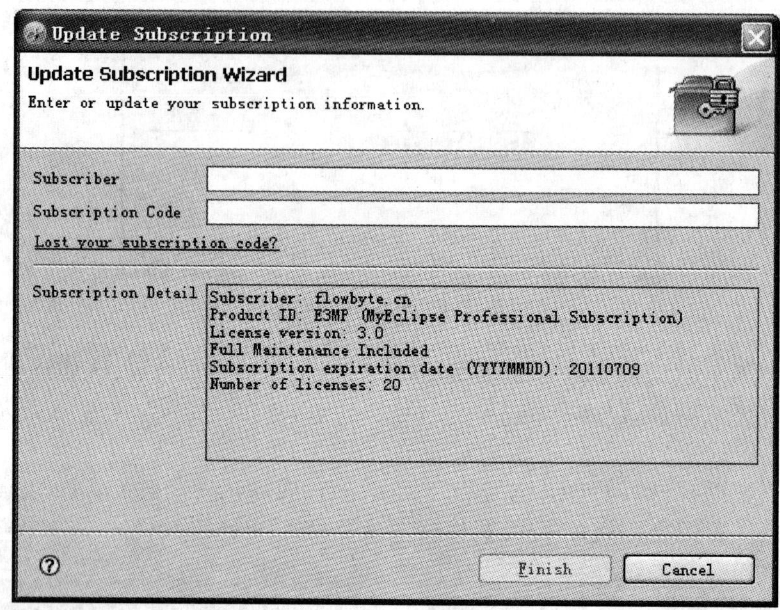

图 2.4　MyEclipse 注册

任务 2　MyEclipse 的界面布局

启动 MyEclipse 后，可以看到如图 2.5 所示的界面布局，我们称之为工作台。

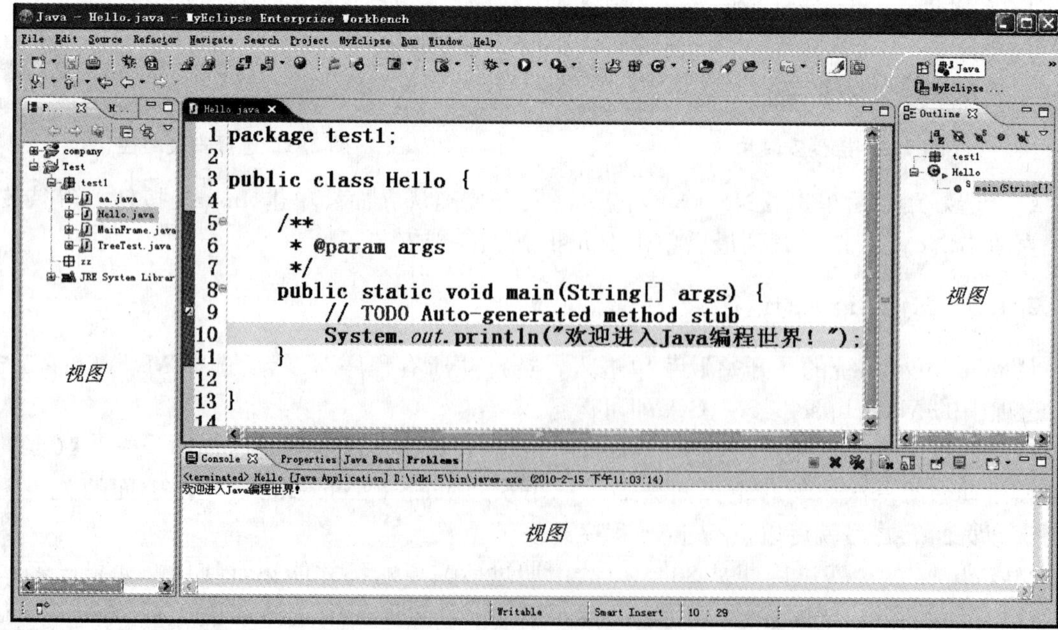

图 2.5　MyEclipse 主界面

MyEclipse 的工作台界面主要包括四大元素。

（1）菜单栏。

在界面顶部有菜单栏，如图 2.6 所示。MyEclipse 的菜单包括 File、Edit、Source、Refactor、Navigate、Search、Project、MyEclipse、Run、Window、Help。

File　Edit　Source　Refactor　Navigate　Search　Project　MyEclipse　Run　Window　Help

图 2.6　MyEclipse 菜单栏

（2）工具栏。

在菜单栏下面有工具栏，如图 2.7 所示。工具栏上有常用的工具按钮，单击可使用某项功能，使用很方便。由于工具按钮是图标形式，如果不知道某个工具按钮的功能时，则将鼠标指针放在工具按钮上，稍等就会显示提示信息。

图 2.7　MyEclipse 工具栏

（3）视图。

在工作台界面中，有许多不同种类的小窗口，称为视图（view）。利用不同的视图，可以以不同的视野来看整个项目。如图 2.8 所示的 Package Explorer 视图可以导览整个工作区的每个项目的结构，如图 2.9 所示的 Outline 视图可以看项目中 Java 类的概略状况，而图 2.10 所示的 Console 视图可以显示控制台输出。

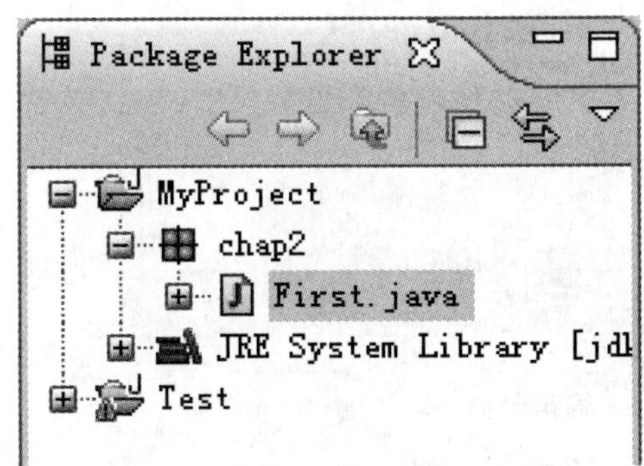

图 2.8　Package Explorer 视图

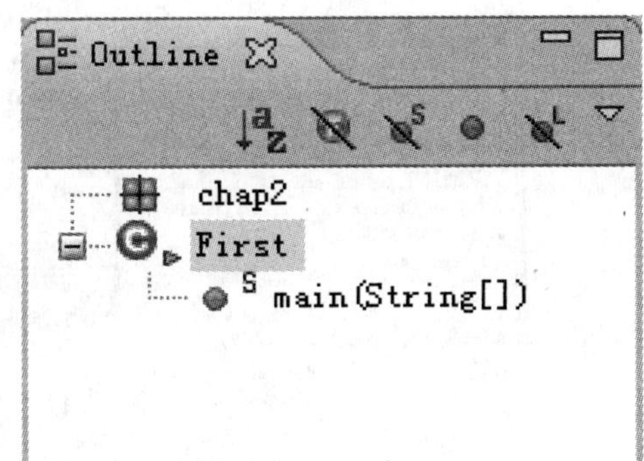

图 2.9　Outline 视图

Problems　Java Beans　Console　Properties　Declaration　Hierarchy

图 2.10　Console 视图

常用的视图如表 2.1 所示。

表 2.1　常见视图

视　　图	功　　能	视　　图	功　　能
Package Explorer	包结构视图	Console	显示控制台输出结果
Outline	大纲视图	Hierarchy	类层次（继承关系）
Properties	属性视图	Java Beans	显示包含的组件
Problems	显示错误、警告信息		

一个视图可以独自呈现，也可以与其他视图形成堆栈。如果要切换视图，则单击相应的视图标题即可。视图可以最小化、最大化，也可以关闭。视图还可以随意拖动，在视图标题栏位置按住左键拖动，可以调整视图在界面中的位置。

如果需要打开某个视图，可以从菜单“Window→Show View”中选取要显示的视图。如果 Show View 的子菜单中还是没有想显示的视图，则选择 Show View 子菜单底端的 Other，然后在所有的视图列表中选择所要显示的视图。

（4）编辑器。

编辑器位于主界面的最中央，显示代码或者其他文本或图形文件编辑器，即图 2.7 中显示 Java 文件代码的区域。编辑器和视图非常相似，也能最大化和最小化，所不同的是编辑器中可以打开多个文件，显示多个标签页，通过单击标签页进行文件切换。如果标签页上显示 * 号，这表示编辑器有未保存的内容变更。编辑器还有一个很特殊的组件叫隔条，是图 2.11 中的代码最左侧的蓝色竖条，隔条上会显示行号、警告、错误、断点等提示信息。右击隔条会弹出如图 2.11 左下方的右键菜单，可以选择执行其中的一些操作。

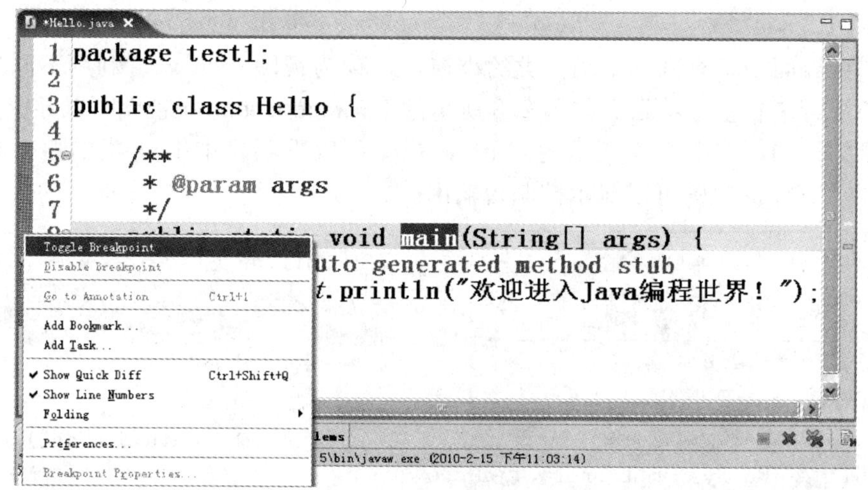

图 2.11 MyEclipse 编辑器

任务 3 MyEclipse 的基本操作

2.3.1 设置工作区

工作区（Workspace）是一个用来存放用户所有项目文件和资源的目录。MyEclipse 启动时，会提示用户选择工作区。如果用户不想使用默认工作区，可以自己选择或输入工作区目录。如果输入的工作区目录不存在，MyEclipse 会自动创建。

MyEclipse 可以有多个工作区，每个工作区可以包含多个项目，但是一个工作区只能被单个 Eclipse 进程使用。利用 MyEclipse 所编写的文件、设置的信息等资源，无须单独保存，就会保存在默认的工作区中。

2.3.2　创建、打开、关闭 Java 项目

MyEclipse 中所有的可以编译运行的资源必须放在项目（Project）中，创建项目或者打开项目是最基本的操作。项目表示一系列相关的文件和设置（如类路径、编译器级别、发布路径等的设置）。

要新建项目，可以选择菜单“File→New→Java Project”，在弹出的新建项目对话框中输入项目信息，单击确定即可。

要打开项目，可以先选中项目，然后选择菜单“Project→Open Project”，或者点击右键选择菜单 Open Project。

要关闭项目，可以先选中要关闭的项目，然后选择菜单“Project→Close Project”，或者点击右键选择菜单 Close Project。

2.3.3　导入、导出 Java 项目

我们可以把包含 MyEclipse 项目的源代码文件导入到当前的 MyEclipse 工作区进行编辑和查看。选择菜单“File→Import”，弹出 Import 对话框，如图 2.12 所示。

展开 General 目录，选择“Existing Projects into Workspace”，然后单击【Next】按钮，出现选择项目的对话框，如图 2.13 所示。选中单选按钮“Select root directory”时，选择的是包含项目的文件夹；选择单选按钮“Select archive file”时，选择的是包含项目的压缩包。然后，单击【Browser】按钮，选中的项目会在 Projects 列表框中显示。选中其中的一个项目后，单击 Finish 按钮就可以导入该项目并打开了。

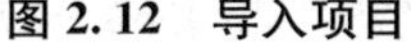
图 2.12　导入项目

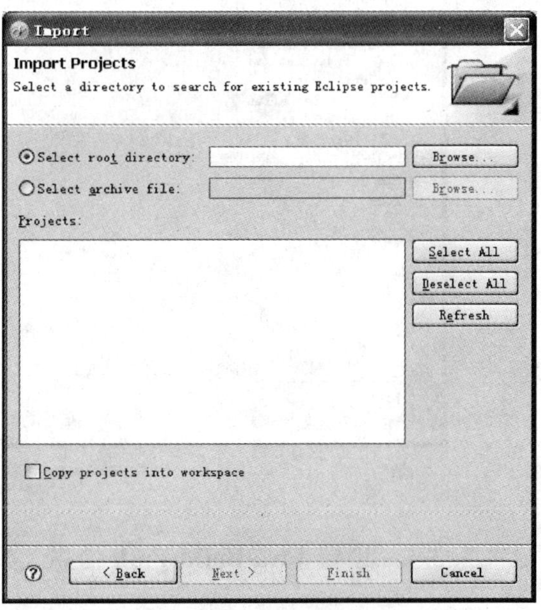

图 2.13　选择导入项目

我们还可以把项目导出到某个存储位置。选择菜单“File→Export”，在 Export 对话框中展开 General 目录，选择“Archive File”，然后单击【Next】按钮。在弹出的对话框中的

To archive file 输出框中选中要保存的文件名，一般写成项目名 . zip，然后单击 Finish 按钮即可导出当前项目。

2.3.4 添加、修改和删除 JRE

单击菜单"Window→Preferences"，弹出 Preference 对话框，展开左侧的 Java 目录，选择 Installed JREs，打开在 MyEclipse 编写程序所使用的 JRE 列表，如图 2.14 所示。复选框选中的 JRE 是默认的 JRE，它被所有的项目作为编译和启动的 JRE，除非在项目的 Build Path 中指定了其他的 JRE。

单击【Add】按钮可以添加新的 JRE，在弹出的对话框中选择 Browse，然后选中 JDK 的安装目录，之后单击【OK】按钮。单击【Edit】按钮可以修改 JRE，单击【Remove】按钮可以删除 JRE，可以选中不同的 JRE 前面的复选框来把它作为默认 JRE。虽然 MyEclipse 能够自动找到并显示一个 JRE，但是强烈建议大家添加一个 JDK 来进行开发，便于查看 JDK 类源码和编码时能够显示提示信息。

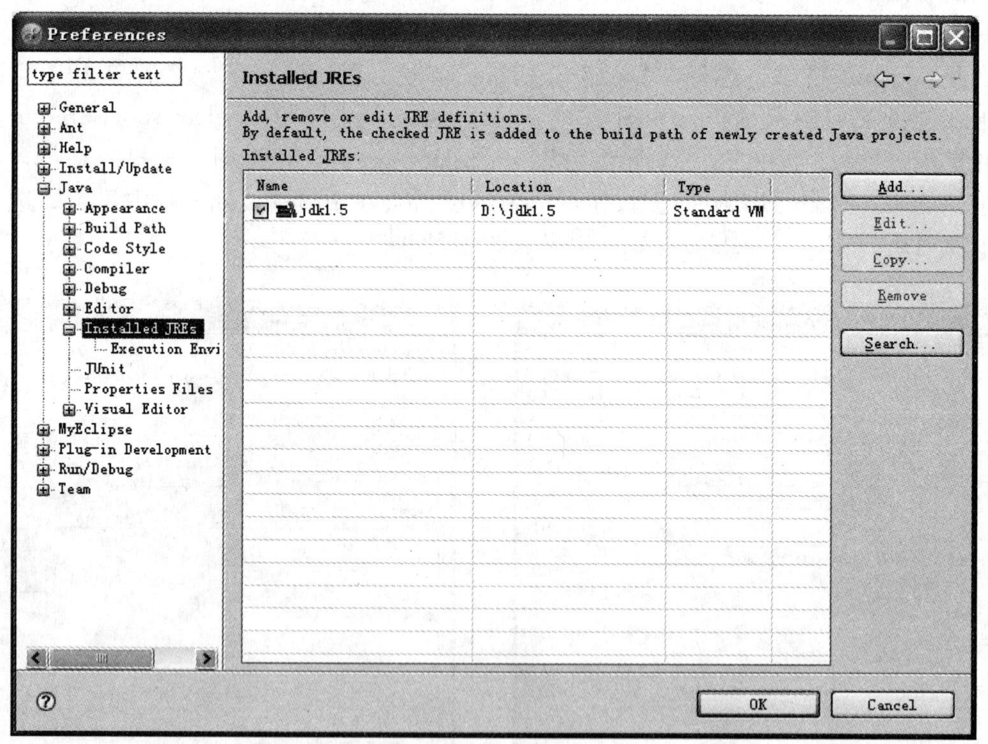

图 2.14 添加 JRE

2.3.5 设置 Java Build Path 信息

单击菜单"Project→Properties"，或者在 Package Explorer 项目节点上右键单击菜单中的 Properties，可以打开项目属性对话框。选择左侧的"Java Build Path"，可以在右侧显示项目的类路径有关的设置标签页，如图 2.15 所示。

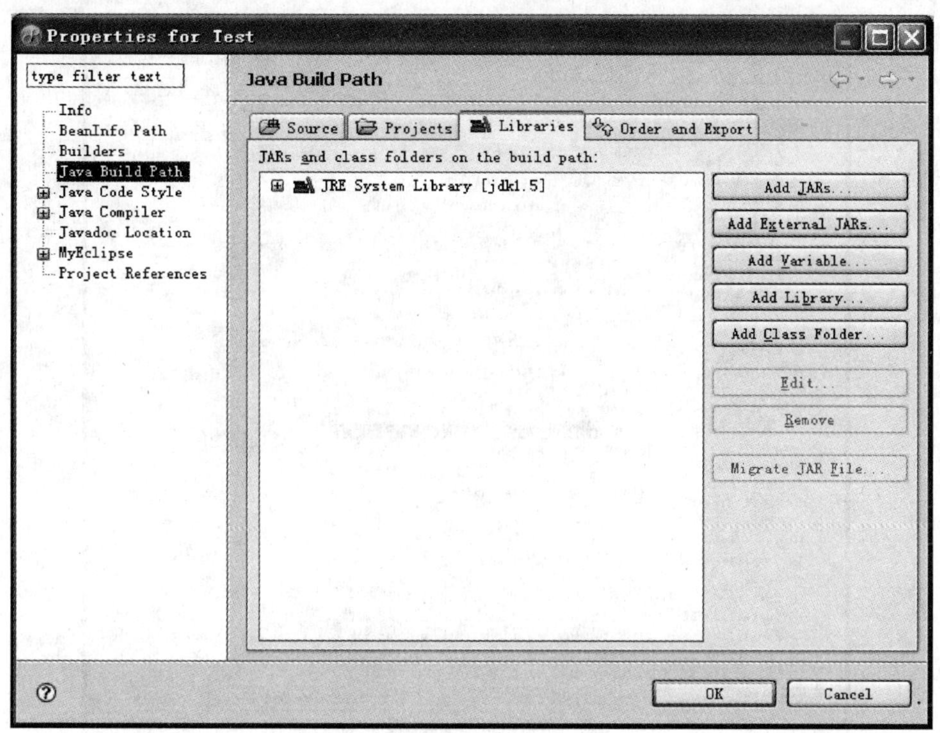

图 2.15　设置 Java Build Path

Source 页显示源代码目录和 Java 源代码编译后产生的类文件所存放的目录。这些参数都可以修改。Package Explorer 视图默认是不显示类文件的输出目录的。

Libraries 页可用于设置当前项目的类路径。单击【Add JARs】按钮可以将当前项目中的 jar 文件加入到类路径，单击【Add External JARs】按钮可以添加项目外的 jar 文件到类路径，单击【Edit】按钮可以修改所选类库的设置，单击【Remove】按钮则从类路径中删除选中的类库。要添加 jar 文件，需要先将 jar 文件复制到项目中，然后在 Package Explorer 视图的 jar 文件上单击右键，选择菜单 Build Path→Add to Build Path 就可以将这个 jar 文件加入到 Build Path 中。

2.3.6　设置编辑器字体、颜色和显示行号

默认情况下 MyEclipse 的代码编辑器是不显示行号的，可以设置显示行号。选择菜单“Window→Preferences”，打开 Preferences 设置对话框，几乎所有 Eclipse 的设置选项都可以在这里找到。要显示行号，展开节点“General→Editors→Text Editors”，在右侧的设置选项中选中复选框“Show line numbers”即可，如图 2.16 所示。

要修改编辑器的字体，可以选择 Preferences 对话框的“General → Appearance →Colors and Fonts”，在右侧选择“Basic→Text Font”，如图 2.17 所示。然后，单击【Change】按钮，在弹出的对话框中设置字体即可。

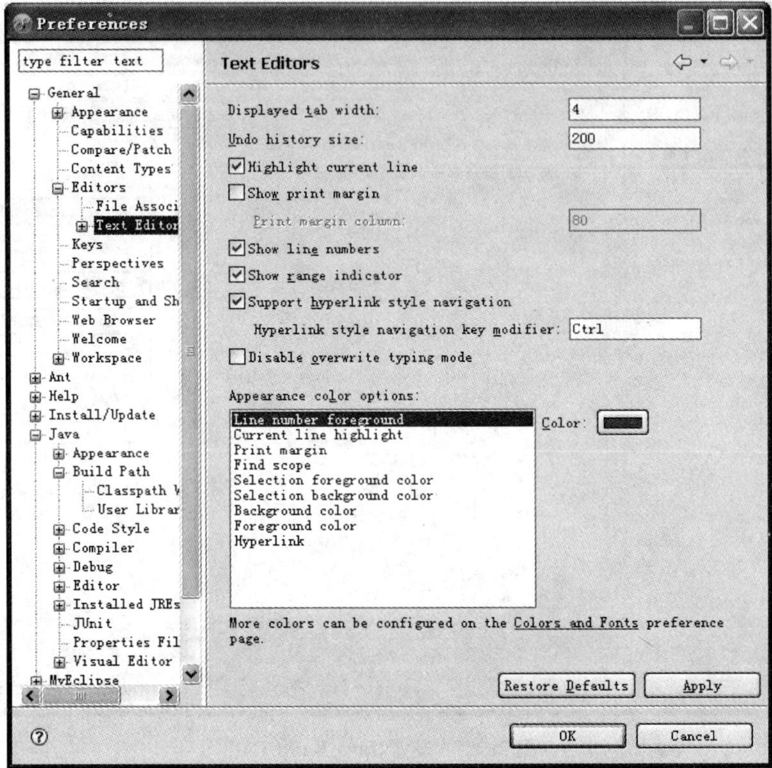

图 2.16　设置行号

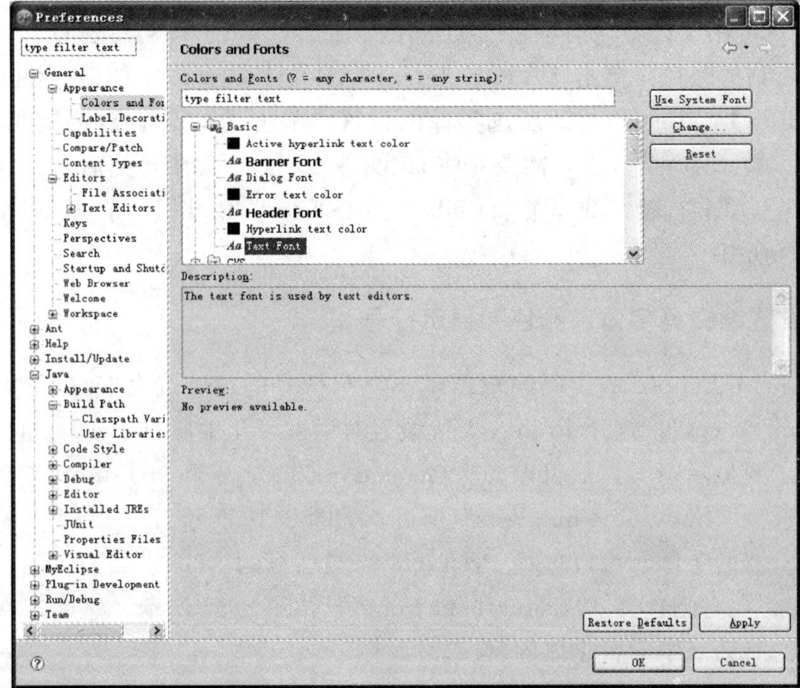

图 2.17　设置编辑器字体

2.3.7　注释与取消注释

使用快捷键 Ctrl+/，可以给选中的代码快速添加两个斜线（//）风格的注释。

选中已经添加了两个斜线的注释的代码，然后使用快捷键 Ctrl+/可以去掉注释。

2.3.8　生成 Getters 和 Setters 方法

在写 JavaBean 的时候常常要写一些模板化的 getXXX()和 setXXX()这样的方法，我们可以用 MyEclipse 来自动生成这些方法。先写好类似 private String name 这样的变量定义，然后在编辑器中单击右键选择菜单“Source→Generate Getters and Setters”可以打开“Generate Getters and Setters”对话框，全部选中变量前的复选框，然后单击【OK】按钮即可。

2.3.9　格式化源代码

如果写的代码的格式较乱时，可以使用 MyEclipse 的格式化源代码的功能。首先选中要格式化的代码（不选择则是格式化当前文件的所有代码），然后选择菜单“Source→Format”，或者在编辑器中单击右键选择菜单“Source→Format”，或者用快捷键 Ctrl+Shift+F，可以快速地将代码转换为结构清晰、便于阅读的格式。

2.3.10　断点和调试器

在源代码的隔条上双击鼠标可以切换是否在当前行设置断点（break point），断点以 的形式显示。

设置断点之后，我们可以通过菜单“Run→Debug”，或者“Run→Debug As→1 Java Application”，或者通过工具栏按钮 ，或者在编辑器的右键菜单中选择“Debug As→1 Java Application”来启动调试器。当调试器遇到断点时，就会挂起当前线程并切换到调试透视图。例如，我们的程序调试时的界面如图 2.18 所示。

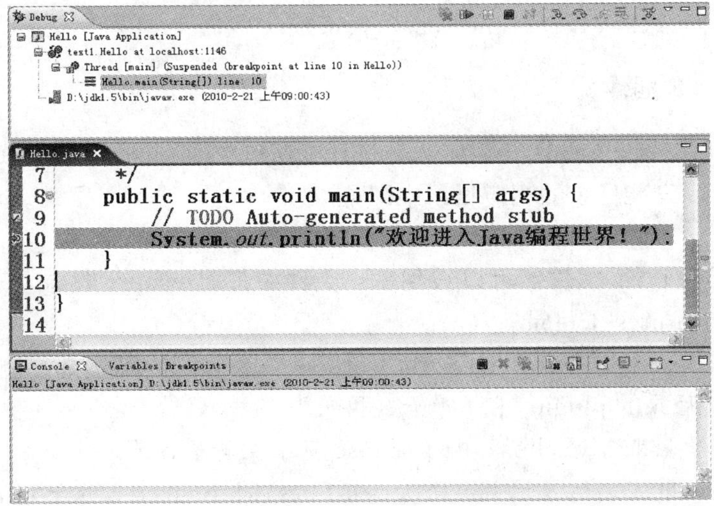

图 2.18　断点调试

调试透视图将会显示 Debug 视图、Variables 视图、Breakpoints 视图和 Console 视图。Debug 视图中显示当前所有运行中的线程以及所执行的代码所在的位置。编辑器中以绿色高亮行背景指示执行代码的位置。Variables 视图显示当前线程所执行到的方法或者类中的局部、全局等变量的值。Console 视图则是显示当前运行结果。

执行到断点时，线程就会被挂起，可以单击 Debug 视图的 Resume 按钮 来继续往下执行。要逐行调试代码，可以单击 Step Over 按钮 或者按下 F6 键来往下执行。要终止调试，可以单击中断按钮 。关闭 Debug 视图后，可以继续在编辑器中编辑代码。

任务 4　安装 VE（Visual Editor）插件

MyEclipse 支持以可视化（图形化）方式进行 Java GUI 程序的开发，方法之一是安装并使用 Visual Editor 插件，该插件提供了 GUI 开发环境。利用 VE 插件，可以简化界面开发，提高工作效率。

2.4.1　下载 VE 插件

首先到下载地址：http://www.eclipse.org/downloads/index.php 下载三个文件：

（1）EMF build 2.2.0。

（http://www.eclipse.org/downloads/download.php? file=/modeling/emf/emf/downloads/drops/2.2.0/R200606271057/emf-sdo-runtime-2.2.0.zip）

（2）GEF Build 3.2。

（http://www.eclipse.org/downloads/download.php? file=/tools/gef/downloads/drops/R-3.2-200606270816/GEF-runtime-3.2.zip）

（3）Visual Editor。

（http://www.eclipse.org/downloads/download.php? file=/tools/ve/downloads/drops/R-1.2.3_jem-200701301117/VE-runtime-1.2.3_jem.zip）

2.4.2　安装 VE 插件

VE 插件下载后是 zip 文件，安装方法是将其压缩包中的 plugins 和 features 目录下的内容解压到 MyEclipse 安装目录的相应目录中即可。

安装步骤为：

（1）分别解压三个 zip 文件，可以看到三个文件中都有 eclipse 目录，三个 eclipse 目录下都有 plugins 和 features 子目录。

（2）将三个 eclipse 目录下的 plugins 和 features 目录下的内容全部复制到 MyEclipse 安装目录下的 eclipse 目录的 plugins 和 features 目录中。

注意：不要删除原来 MyEclipse 中的 eclipse 目录及其子目录。

假定 MyEclipse 的安装目录是 C:\Program Files\MyEclipse 5.5.1GA，则是将 plugins 中的文件复制到 C:\Program Files\MyEclipse 5.5.1GA\eclipse\plugins，将 features 中的文

件复制到 C:\Program Files\MyEclipse 5.5.1GA\eclipse\features。复制之后即可完成 VE 插件的安装。如果 MyEclipse 是运行着的，则应关闭并重新启动 MyEclipse。

任务 5　使用 MyEclipse 编写、编译并运行 Java 程序

2.5.1　创建 Java 项目

在使用 MyEclipse 编写 Java 代码前，首先必须有一个 Java 项目，可以是新建项目或者打开已有项目。

新建 Java 项目的步骤：

（1）选择菜单“File→New→Project”，或是在 Package Explorer 窗口上单击右键，选择“New→Project”，弹出 New Project 对话框，如图 2.19 所示。

（2）选择“Java Project”，单击【Next】按钮，打开“New Java Project”对话框，新建一个Java 项目，如图 2.20 所示。

（3）在“New Java Project”窗口中，在“Project Name”文本框中输入项目名称，如 FirstProject，然后单击【Finish】按钮，这样一个 Java 项目就创建完成了。

（4）稍等片刻会弹出一个切换透视图的对话框，为了避免造成更多的麻烦，一般选择 No 按钮。这时，在 Package Explorer 视图中就可以看到刚才新建的项目 FirstProject。

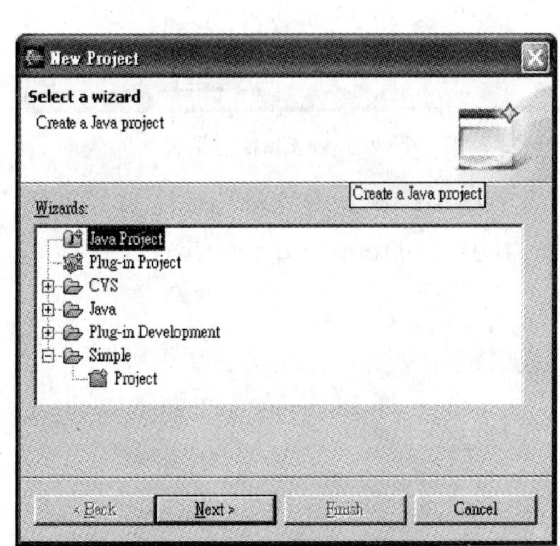

图 2.19　New Project 对话框

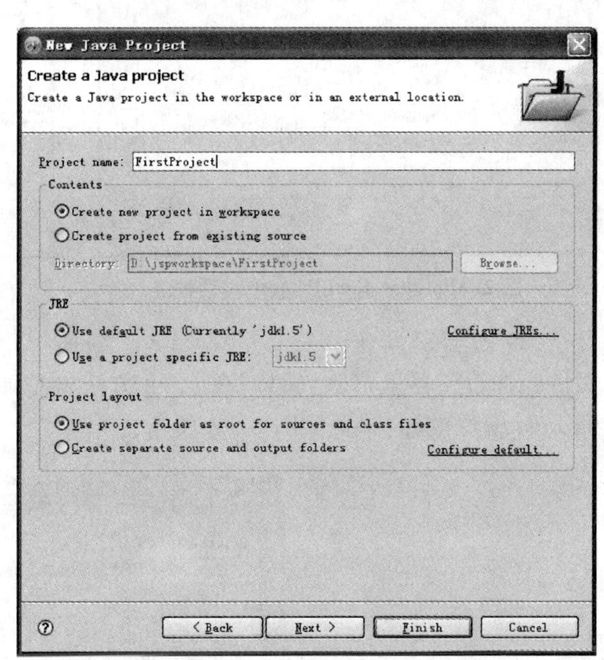

图 2.20　New Java Project 对话框

2.5.2　创建 Java 类，编写类的代码

创建 Java 文件，实际上就是创建 Java 类，文件的扩展名为 .java。

新建 Java 类的步骤：

（1）选中项目 FirstProject，单击菜单“File→New→Package”，或是在 Package Explorer 窗口上右击，选择“New→Package”选项，弹出“New Java Package”对话框。如图 2.21 所示，在 Name 文本框中输入包名 chap2，然后单击【Finish】按钮。

（2）选中包 chap2，单击菜单“File→New→Class”，或是在 Package Explorer 窗口上右击，选择“New→Class”选项，弹出“New Java Class”对话框，如图 2.22 所示。在 Name 文本框中输入类名 Hello，在“Which method would you like te creat”下，勾选“public static void main(String[]args)”，最后单击【Finish】按钮。

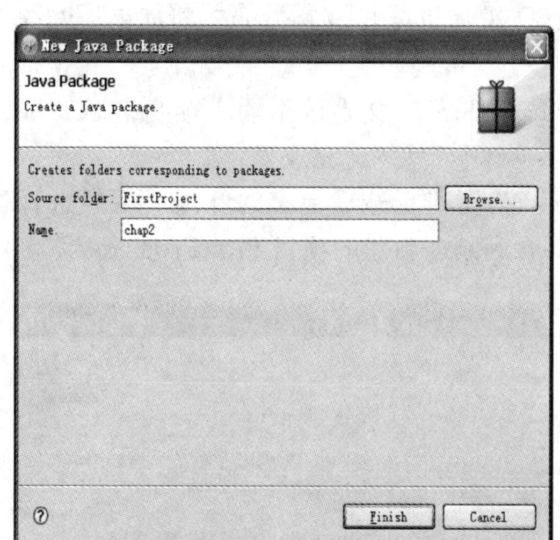

图 2.21　New Java Project 对话框

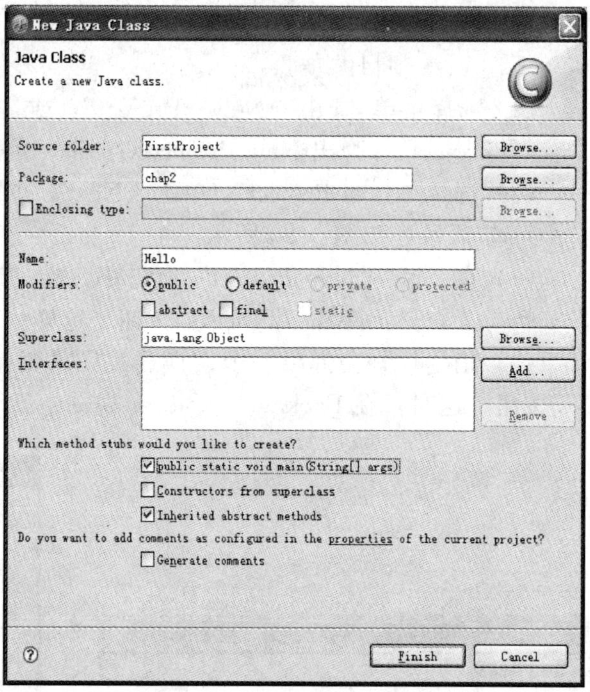

图 2.22　New Java Class 对话框

（3）这样就新建了一个 Hello.java 文件，自动生成了相关代码，并在编辑器中打开了该文件。在编辑器里修改代码，在 main 方法中添加一条语句：System.out.println（“欢迎来到 Java 编程世界!”）；如图 2.23 所示。

```
package chap2;

public class Hello {

    /**
     * @param args
     */
    public static void main(String[] args) {
        // TODO Auto-generated method stub
        System.out.println("欢迎来到Java编程世界！");

    }

}
```

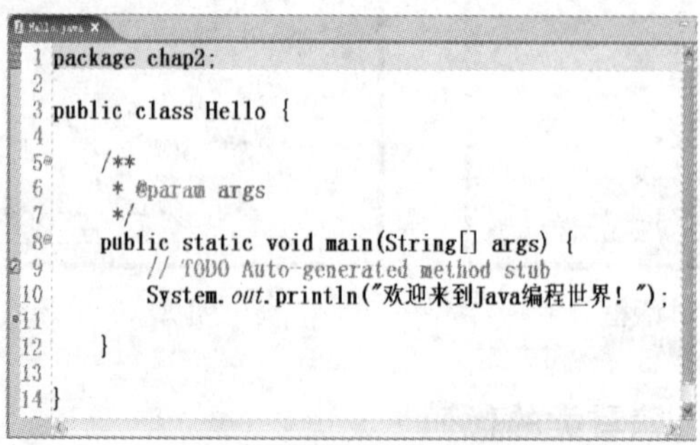

图 2.23　Java 程序代码

（4）代码编写完毕后，单击【Save】按钮，保存 Hello.java 文件。

2.5.3　编译运行 Java 程序

写好类后，接下来就可以编译运行了。首先确定要执行的程序代码在编辑器中是否选到（页签变蓝色），然后执行下列步骤：

（1）选择菜单“Run→Run as→1 Java Application”，或者按下快捷键 Ctrl＋F11，MyEclipse 会自动编译并运行类文件。

（2）若有程序修改过还未保存，MyEclipse 会询问是否要存档。

（3）在界面下方的 Consol 视图中会显示程序输出：“欢迎来到 Java 编程世界!”，如图所 2.24 示。

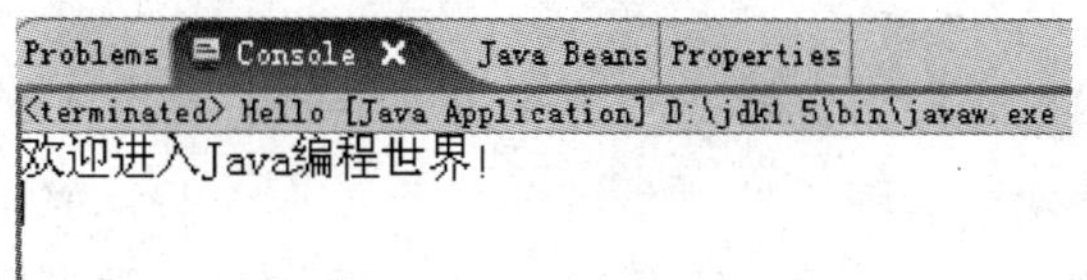

图 2.24　Java 程序结果

·课后练习题 2·

使用 MyEclipse 编写一个 Java 程序，显示你的个人信息。例如，在控制台打印输出以下内容：

姓名：　张勇
年龄：　21
性别：　男
职业：　学生
住址：　山西太原千峰南路 95 号
电话：　6580996

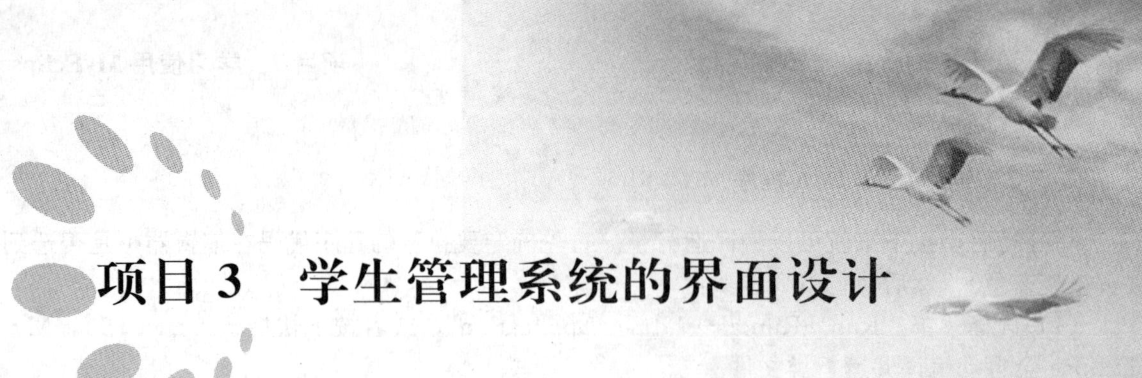

项目3　学生管理系统的界面设计

在学习编程语言时，贯穿一个完整的项目案例是一种行之有效的方法。本项目通过一个较为简单的综合案例——学生管理系统，讲解如何开发基于Java的信息管理系统。

本项目的任务主要是设计学生管理系统的基本界面，内容涉及多个Swing组件的使用。由于一个系统的界面有很多，不可能一一详述，因此以几个关键界面为例，讲解菜单、工具栏、标签、文本框、密码框、按钮、对话框等组件的使用。掌握了组件的使用方法之后，读者就可以完成各种界面的设计。

任务1　创建学生管理系统的主窗体

3.1.1　知识准备：GUI设计、JFrame组件

1. GUI设计

GUI是Graphical User Interface的缩写，即图形用户界面。顾名思义，就是应用程序提供给用户操作的图形界面，包括窗口、菜单、按钮、工具栏、文本框等各种屏幕元素。通过友好的图形用户界面，用户可以方便地操作一个软件或系统。因此，GUI设计是程序设计中非常重要的内容。

在Java中，有两个包为GUI提供丰富的功能，分别是AWT包与Swing包。AWT是Java的早期版本，包含了基本的GUI组件，Swing是Sun公司对AWT的改进版本，但是Swing会用到AWT中的很多知识，因此，GUI设计通常会联合应用AWT包和Swing包。

2. JFrame组件（框架窗口）

JFrame是一个最常用的窗体组件，又称为框架。在Swing应用程序中，通常的主窗体都是一个JFrame窗口。

(1) JFrame类的构造方法。

构造方法是在创建某个类的对象时调用的方法，JFrame类有两个构造方法：

- JFrame()：无参构造方法，创建一个无标题的JFrame窗体。
- JFrame(String title)：带参构造方法，创建一个标题为title的JFrame窗体。

（2）创建 JFrame 窗口。

创建 JFrame 窗口的方式之一是，把界面类声明为 JFrame 的子类，如下面的类声明所示：

```
public class MyFrame extends JFrame
{
    //…
}
```

public 代表公有的类，class 代表声明的类，MyFrame 是类名，在类名 MyFrame 后面有一个关键字 extends 和一个 JFrame，extends 表示继承，而 JFrame 是 Swing 中定义好的一个基本的窗体类，表示我们创建的窗体都继承自 JFrame 类，具有 JFrame 类中定义的属性和方法。

（3）JFrame 类的常用属性。

- size：JFrame 窗体的大小。
- location：JFrame 窗体的位置。
- defaultCloaseOperation：JFrame 窗体的默认退出方式。
- title：JFrame 窗体标题栏上显示的文字。
- visible：JFrame 窗体的可见性。

（4）JFrame 类的常用方法。

- setSize(int width，int height)：设置 JFrame 框架的宽度和高度。
- setLocation(int x，int y)：设置 JFrame 框架在屏幕上的位置，其中 x 和 y 是框架左上角的坐标值。
- setDefaultCloseOperation(int operation)：设置关闭 JFrame 框架时要采取的动作。
- setTitle(String title)：设置 JFrame 框架的标题。
- setVisible(Boolean visible)：设置 JFrame 框架可见性，如果 visible 参数为 true，则是可见的；如果 visible 参数为 false，则是不可见的。
- getContentPane()：获得内容面板。组件不能直接加到 JFrame 上，而应添加到 JFrame 窗口的 JContentPane 内容面板上。

3.1.2　工作过程

利用已安装的 VE 插件，我们可以方便地在 MyEclipse 环境中用可视化方式编写 GUI 应用程序，工作流程如下。

（1）启动 MyEclipse 集成开发环境。

（2）单击菜单“File→New→Project”选项，在新建项目类型列表中选择“Java Project”，单击【Next】按钮，然后在 Project name 项目名称栏中输入 Java 项目名称，如图 3.1 所示。因为是学生管理系统，所以我们命名为 StudentManager。

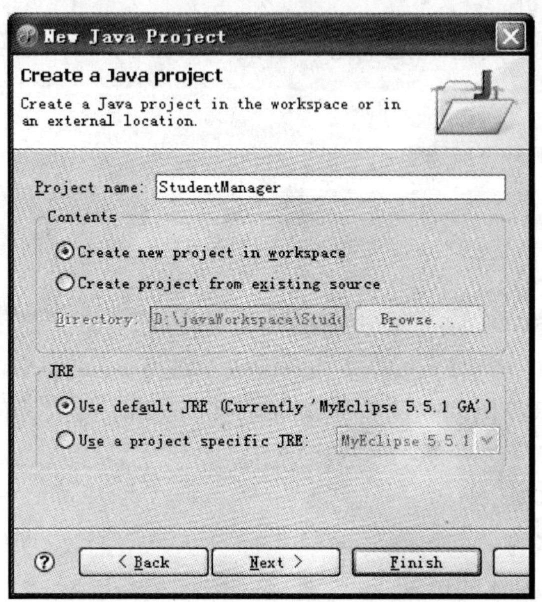

图 3.1　输入 Java 项目名称和位置

(3) 单击【Finish】按钮，此时左侧的“Package Explorer”窗口中显示新建立的 Java 项目 StudentManager，如图 3.2 所示。

(4) 选中该项目，然后在工具栏的“新建 Java 类”图标上单击右边的小箭头，在展开的菜单中选择“Visual Class”，如图 3.3 所示。

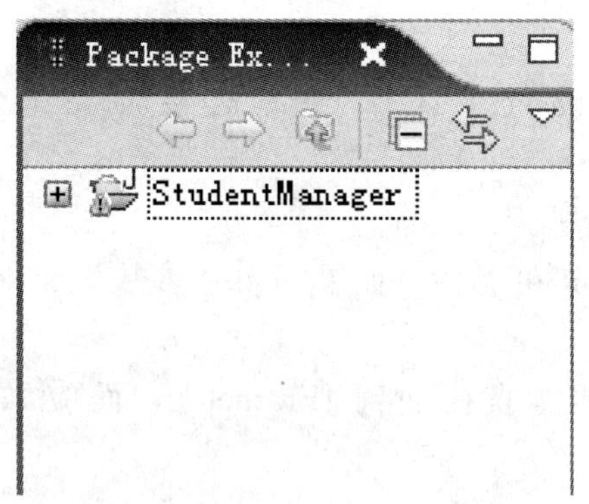

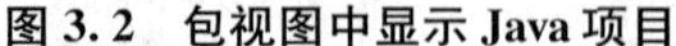

图 3.2　包视图中显示 Java 项目

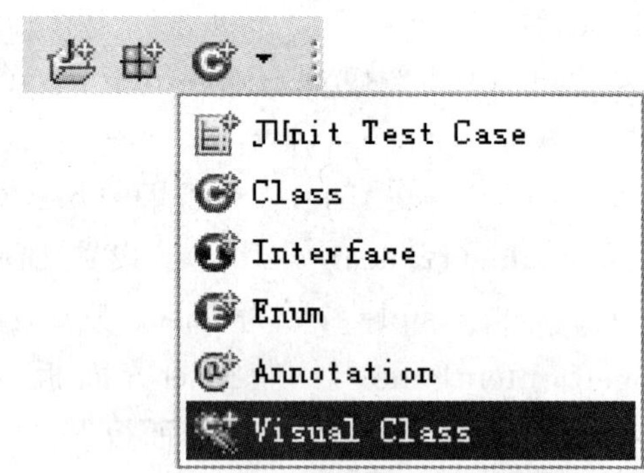

图 3.3　创建可视化 Java 类的菜单

(5) 在弹出的对话框中，输入类的名称和所在的包以及想要继承的可视类。在 Package 框中输入包名 view。包其实就是文件夹，作用是分门别类地存放文件，以便于编程和管理。在 Name 框中输入类名 MainFrame。在该对话框中，还可以选择继承来自 swing 或 AWT 的任何界面组件。在 Style 列表中，选择 Swing 选项下的 Frame，此时 Superclass 框中的值为 javax.swing.JFrame。在“Which method stubs would you like to create?”中选择要自动创建的方法，此时选择“public static void main (String[]args)”，这样会生成 main 方法，作为程序运行的入口，对话框如图 3.4 所示。

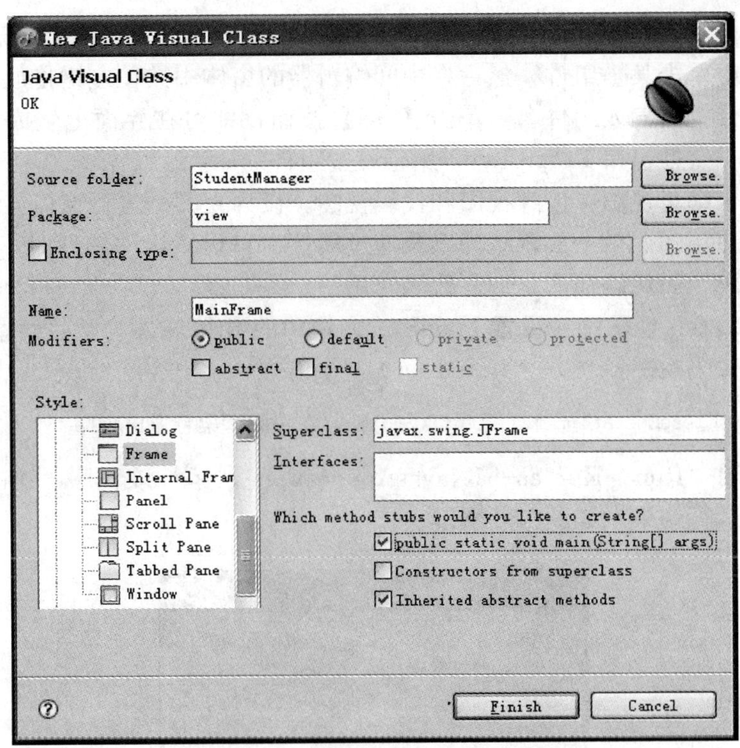

图 3.4　新建 Java 类对话框

(6) 单击【Finish】按钮，出现设计视图中的 JFrame 界面，工作台界面如图 3.5 所示。

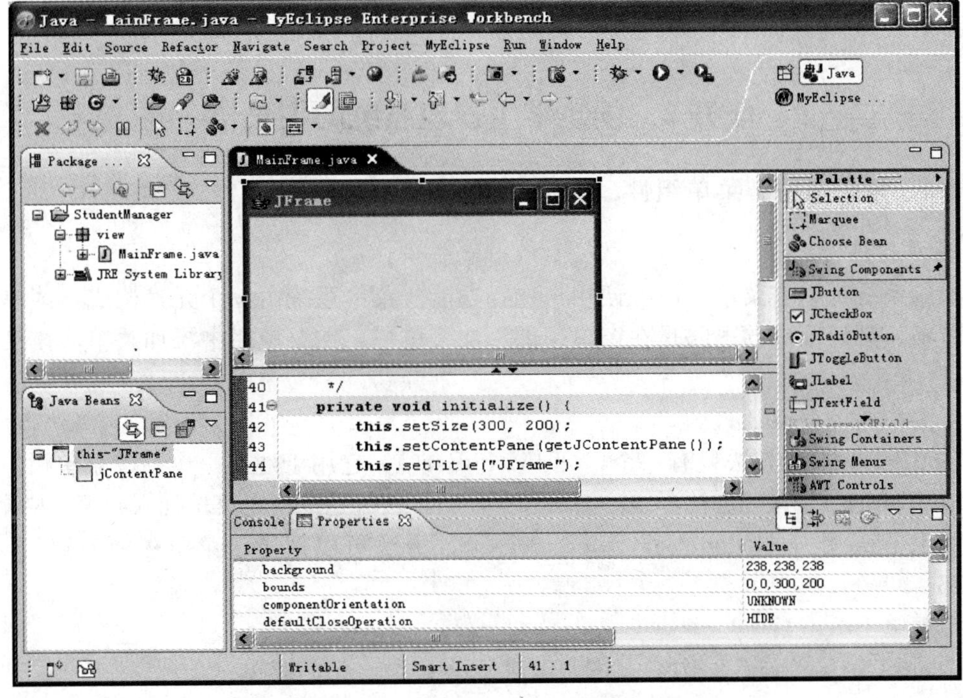

图 3.5　MyEclipse 图形开发界面

在工作区界面右侧有一个工具箱 Palette，其中包含了很多组件，在设计程序界面时，可以先在工具箱中单击某一组件，然后在中间编辑器的窗体中按住左键拖放。这时会弹出为该组件命名的对话框，输入组件名，单击【OK】按钮，即可在界面上生成该组件。在工作区界面下方有一个属性窗口 Properties，用于设置组件的属性。

编辑器有两个编辑视图：设计视图和代码视图。设计视图是进行窗体界面设计、拖放控件、设置属性时使用的。单击放置组件以及通过属性窗口设置组件属性时，MyEclipse 会自动生成对应的代码，而代码视图是编写代码时用的。

(7) 在 Properties 视图中，设置 MainFrame 窗体的 title 属性为学生信息管理系统。

(8) 切换到代码视图，在方法 initialize() 中，添加一条语句：

```
this.setDefaultCloseOperation(EXIT_ON_CLOSE);      //关闭框架且退出程序
```

(9) 选择菜单 “Run→Run as→1 Java Application”，运行该程序，这时会出现一个窗体，就是程序的运行结果，如图 3.6 所示。

图 3.6 程序运行结果

任务 2 创建学生管理系统的主菜单

3.2.1 知识准备：菜单组件、事件处理

1. 菜单组件

一般的系统都会有菜单，以方便用户选择功能。菜单系统由三个元素构成：菜单栏、菜单和菜单项。创建菜单的思路是在窗口顶部添加菜单栏，在菜单栏中添加菜单，在菜单中添加菜单项。

(1) 菜单栏 JMenuBar。

JMenuBar 的构造方法只有一个，即 JMenuBar()，它用于建立一个新的菜单栏。

JMenuBar 的一个常用方法是 add(JMenu menu)，功能是把指定菜单加入到菜单栏尾部。

通过 JFrame 的 setJMenuBar(JMenuBar mb) 方法可以把指定菜单栏加入到 JFrame 窗体的顶部。

(2) 菜单 JMenu。

- JMenu(String text)：构造方法，生成显示文本 text 的菜单。
- add(JMenuItem menuItem)：把指定菜单项加入到菜单尾部。
- setText(String text)：设置菜单上显示的文本。

- addSeparator()：在菜单尾部添加一个分隔线。

（3）菜单项JMenuItem。

- JMenuItem(String text)：构造方法，生成显示文本为text的菜单项。
- setText(String text)：设置菜单项上显示的文本。
- setEnabled(Boolean b)：设置菜单项是否可用，如果b为true，则菜单项可用，否则不可用。

2. 事件处理

为了实现GUI程序与用户操作的交互功能，Java提供了一种事件处理机制，提供了很多种类型的事件，我们只需要对感兴趣的事件，编写相应的事件处理程序即可。

用户在按钮上单击是GUI程序设计中最为常用的Action事件。Swing中菜单项其实就是按钮，单击菜单项相当于单击按钮，因此，鼠标单击菜单项，或鼠标移动至菜单项后按回车键，应用程序应该处理菜单项的Action事件。

Action事件处理必须由实现了ActionListener监听器接口的类的对象处理，由产生事件的组件调用addActionListener()方法注册监听器。ActionListener接口有一个抽象方法：actionPerformed()，需要编程实现，方法中编写的就是具体的事件处理代码。

Action事件处理的代码模式为：

```
组件.addActionListener(new 监听器类 implements ActionListener{
    public void actionPerformed(ActionEvent e){
            //实现对事件的具体处理过程
    }
});
```

3.2.2　工作过程

（1）在MyEclipse中打开前面创建的项目StudentManager，并打开MainFrame类。

（2）在属性视图中，设置MainFrame窗体的size属性值为1024，760。

（3）选择MainFrame窗体的内容面板，即窗体中间的空白部分，设置layout属性值为null。也可以在Java Beans面板中单击选中内容面板，如图3.7所示。

（4）在工具箱的SwingMenus下，单击JMenuBar菜单栏组件，再在MainFrame窗体上拖出一个菜单栏，此时弹出一个Name对话框，如图3.8所示。在弹出的对话框中输入JMenuBar的name值为mbMain，则该菜单栏就放置在了窗体的顶端。

图3.7　Java Beans面板

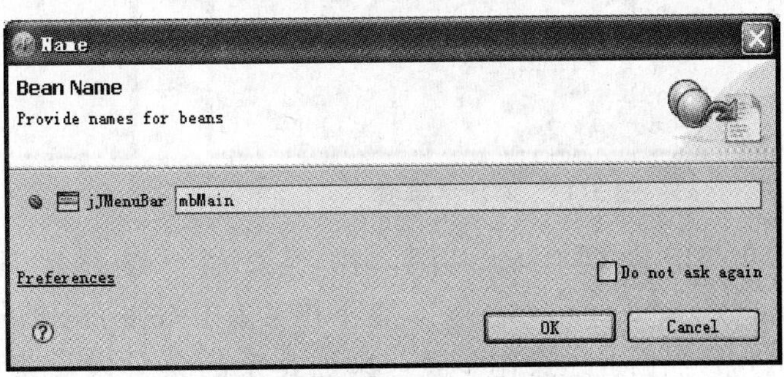

图3.8　输入菜单栏的名称

(5) 为了让菜单栏显示出来，需要设置菜单栏的高度，在 preferredSize 属性中将高度值设为 25，则菜单栏显示如图 3.9 所示。

(6) 单击工具箱中的 JMenu 菜单组件，再在 mbMain 菜单容器组件上单击，然后输入 JMenu 的名称值为 menuSys。单击该 JMenu 组件，组件上面会出现一个文本框。在文本框中输入文本“系统管理”，这样就添加了一个“系统管理”菜单。添加文本之后的菜单效果如图 3.10 所示。

图 3.9 添加菜单栏后的窗口

图 3.10 生成“系统管理”菜单

(7) 单击工具箱的 JMenuItem 菜单项组件，再在“系统管理”菜单组件上单击，在弹出的对话框中输入 JMenuItem 的 name 值 editPwd，并设置该菜单项文本为“修改密码”，这样就添加了一个菜单项，运行效果如图 3.11 所示。

(8) 接下来给“系统管理”下添加“增加系统用户”，并给“增加系统用户”菜单添加 2 级子菜单。添加 2 级子菜单的方法与前面的略有不同，解决思路是把包含菜单项的子菜单放到所属菜单的菜单项上。方法是单击工具箱中的 JMenu 菜单组件，在“系统管理”菜单上单击，添加“增加系统用户”子菜单，在该子菜单上添加三个菜单项 JMenuItem 组件，文本分别为“增加管理员”、“增加教师用户”、“增加学生用户”，效果如图 3.12 所示。

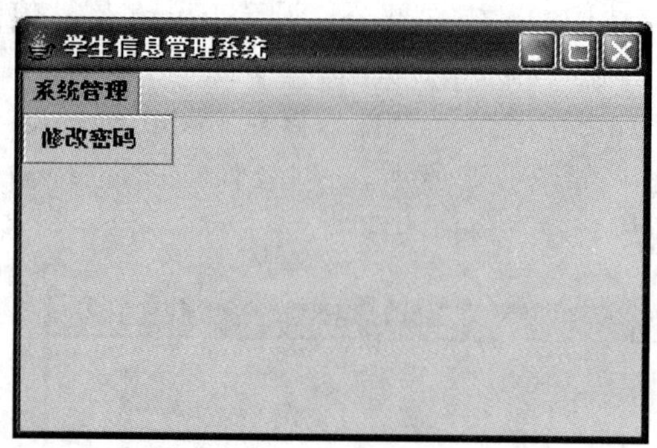

图 3.11 添加菜单项

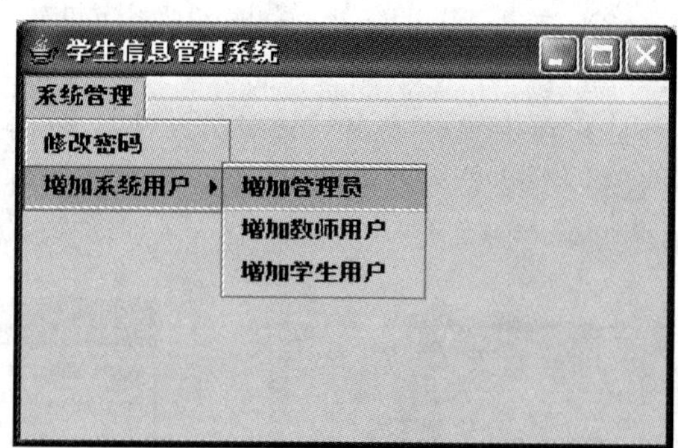

图 3.12 添加 2 级子菜单

(9) 切换到代码视图，找到添加“修改密码”的代码，在其后添加语句“menuSys. addSeparator();”，在下拉菜单中添加了一条分隔线，运行效果如图 3.13 所示。

(10) 根据上述操作步骤，添加其余的菜单以及菜单项。完成之后的菜单如图 3.14 所示。

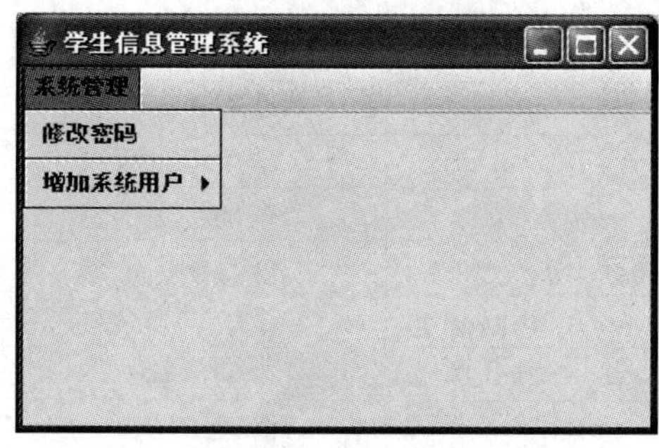

图 3.13　添加分隔线

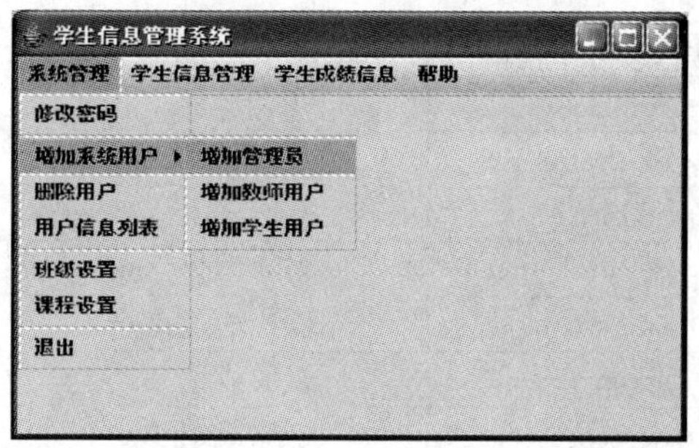

图 3.14　主窗体菜单

(11) 选中"退出"菜单项，右击选择"Events→add Events"，在弹出的对话框中选择 actionPerformed 事件，单击【Finish】按钮，则系统会自动添加事件代码。

(12) 在代码视图中找到"退出"菜单项的事件处理代码，如图 3.15 所示。修改 actionPerformed()方法中的代码为 System.exit(0);，其含义是调用系统退出方法。这样，当用户选择"退出"菜单项时，程序可以退出。

```
private JMenuItem getExitItem() {
    if (exitItem == null) {
        exitItem= new JMenuItem();
        exitItem.setText("退出");
        exitItem.addActionListener(new java.awt.event.ActionListener(){
            public void actionPerformed(java.awt.event.ActionEvent e){
                System.exit(0);
            }
        });
    }
    return exitItem;
}
```

图 3.15　"退出"事件处理代码

概括起来，学生管理系统菜单栏有四个菜单：系统管理、学生信息管理、学生成绩管理、帮助。

- 系统管理菜单：包括修改密码、增加系统用户（增加管理员、增加教师、增加学生）、删除用户、用户信息列表、班级设置、课程设置、退出。
- 学生信息管理菜单：包括添加学生信息、查询学生信息、删除学生信息、修改学生信息、统计学生信息。
- 学生成绩管理菜单：包括添加成绩、查询成绩、删除成绩、修改成绩、成绩统计。
- 帮助菜单：包括系统帮助、关于我们。

表 3.1 列出了菜单各项的属性信息。

表 3.1　主窗体菜单属性

名称（Name 属性）	显示文字（Text 属性）	名称（Name 属性）	显示文字（Text 属性）
menuSys	系统管理	editPwd	修改密码
addUser	增加系统用户	addAdmin	增加管理员
addTeacher	增加教师用户	addStu	增加学生用户
delUser	删除用户	userList	用户信息列表

续前表

名称（Name 属性）	显示文字（Text 属性）	名称（Name 属性）	显示文字（Text 属性）
editClass	班级设置	editCourse	课程设置
exitItem	退出	menuStuInfo	学生信息管理
addStu	添加学生信息	searchStu	查询学生信息
delStu	删除学生信息	editStu	修改学生信息
statisStu	统计学生信息	menuStuScore	学生成绩管理
addScore	添加成绩	searchScore	查询成绩
delScore	删除成绩	editScore	修改成绩
statisScore	成绩统计	menuHelp	帮助
sysHelp	系统帮助	aboutUs	关于我们

任务 3　创建主窗体的工具栏

3.3.1　知识准备：JToolBar 组件、JButton 组件

1. JToolBar 组件（工具栏）

JToolBar 的功能是创建工具栏，工具栏在各类软件中都可以很轻易地看到。工具栏一般位于菜单栏的下方，是将常用的操作以图标方式组织在一起，可用于替代下拉菜单和快捷键，以方便用户使用。通常情况下，工具栏包含的是图形按钮和下拉列表，但也可以包含文本按钮以及其他组件。

（1）JToolBar 的构造方法。

- JToolBar()：无参构造方法，创建一个工具栏，默认水平方向。
- JToolBar(int orientation)：带参构造方法，创建一个工具栏，并指定其方向。

指定方向一般用静态常量 HORIZONTAL 和 VERTICAL，分别表示水平和垂直方向。由于大都采用水平方向，因此在构造时多是采用第一种构造方式来建立 JToolBar。

（2）构建工具栏。

要构建一个完整的工具栏，首先要创建工具栏 JToolBar 的对象，把 JToolBar 对象添加到 JFrame 中，接着创建多个 JButton 按钮，使用 JToolBar 的 add 方法将按钮添加到工具栏，使用 setToolTipText 方法为按钮设置提示信息，并且要对每个按钮注册监听器。

（3）JToolBar 的常用方法。

- public JButton add(Object)：向工具栏中添加一个指派动作的 JButton。
- public void addSeparator( )：将默认大小的分隔符加到工具栏的末尾。

在 JToolBar 加上分隔线，如同在 JMenu 上利用 addSeparator()方法加上分隔线一样，不同的是在 JMenu 中分隔线是以灰色直线的样式表现，而在 JToolBar 中则是以一小段空来表示。

2. JButton 组件（按钮）

按钮是一个很常用的组件，在图形用户界面上随处可见，单击执行某一操作。在工具栏中，添加最多的就是按钮。在 Swing 中，用 JButton 类来创建按钮。

（1）JButton 的构造方法。

- JButton()：创建一个没有提示文本的按钮。

- JButton(String text)：创建一个显示文本为 text 的按钮。
- JButton(Icon icon)：创建一个指定图标为 icon 的按钮。
- JButton(String text，Icon icon)：创建一个指定文本和图标的按钮。

其中，Icon 是 swing 的图标类，通常使用 ImageIcon 生成一个图标按钮，ImageIcon 是 Icon 的子类，例如：

```
JButton button = new JButton(new ImageIcon("test.gif"));
```

（2）创建工具栏中的按钮。

首先需要准备图标图像的 gif 文件，这是因为通常工具栏中的按钮都是图标形式的；然后创建指定图标的多个 JButton 按钮，并依次将按钮添加到工具栏中；接着，使用 setToolTipText 方法为工具按钮设置提示信息，这样若用户不知道这个图标的功能则可以看提示信息；最后要为每个按钮注册监听器，添加事件处理代码。

（3）JButton 的常用方法。

- public void setText(String text)：设置按钮文本。
- public void setIcon(Icon icon)：设置按钮图标。
- public void setToolTipText(String text)：设置按钮的提示信息。
- public void setBounds(int height，int width，int x，int y)：设置按钮大小和位置。
- public void addActionListener(ActionListener l)：为按钮注册监听器。

3.3.2　工作过程

（1）在 StudentManager 项目中新建一个 image 文件夹，并存放工具栏按钮所需的图片文件，如 user_add.gif、user_delete.gif 等。

（2）从工具箱中单击 JToolBar，然后在 JFrame 窗口中菜单下方单击，弹出对话框，如图 3.16 所示。输入组件名称 jJToolBar1，单击【OK】按钮，则会添加了一个空白的工具栏。

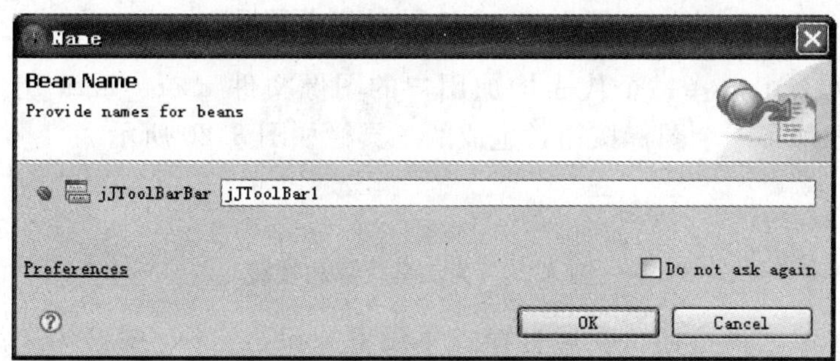

图 3.16　输入 JToolBar 名称

（3）在属性窗口中找到 preferredSize 属性，设置为 1016、28，分别代表工具栏长度和高度，此时工具栏如图 3.17 所示。

（4）为了便于区分工具按钮的分类，我们在每一类按钮前添加一个标签，对这一类按钮进行说明。当然，系统的工具按钮较多时，不提倡添加标签。在工具箱中选中 JLabel，然后单击刚才添加的 JToolBar，就可以为该工具栏添加标签，设置标签的 text 属性为“用户管理:”，如图 3.18 所示。

图 3.17　空白工具栏 　　　　图 3.18　工具栏添加标签

（5）在工具箱中单击 JButton 组件，然后在工具栏上单击，可以添加一个按钮。然后在属性视图中单击 Icon 属性右侧文本框，单击浏览按钮[...]，出现选择图像文件的对话框。因为在项目的 image 文件夹中已经存放了要设为图标的 gif 文件，所以选择单选按钮 Project，选择项目 StudentManager 下的 image，这时会列出可选的图像，如图 3.19 所示。

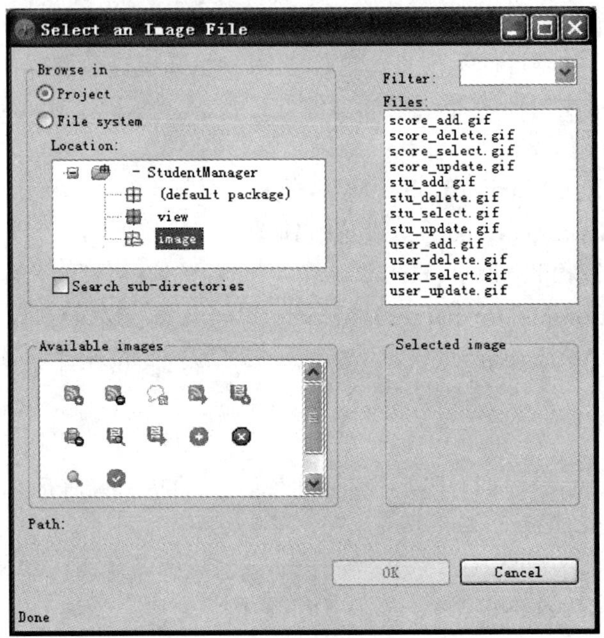

图 3.19　为工具按钮选择图标

（6）在图像列表中选择一个代表增加用户的图像文件 user _ add. gif。单击【OK】按钮，工具栏中就添加了一个图标按钮，生成的工具栏如图 3.20 所示。

图 3.20　为工具栏添加按钮

（7）选中添加的工具按钮，在属性窗口中设置 toolTipText 属性为“添加用户”，这是设置了按钮的提示信息。当鼠标指针移到该图标上，稍等一下就会出现提示信息。

（8）切换到代码视图，先找到给工具栏添加按钮的代码，然后在其后添加语句：bar. addSeparator()，这样就可以给工具栏上添加分隔符。

（9）同理添加其他标签及按钮到工具栏上，完成后的工具栏如图 3.21 所示。

图 3.21　系统工具栏

任务4 设计学生信息编辑窗体

3.4.1 知识准备：JLabel组件、JLabel的常用方法、JTextField组件、JComboBox组件

1. JLabel组件（标签）

JLabel是标签类，用来显示静态的文本。

（1）JLabel的构造方法。

● JLabel(String text)：构造一个文本是text的标签。

● JLabel(Icon image)：构造一个图标是image的标签。

● JLabel(String text，Icon icon，int horizontalAlignment)：构造一个文本是text，图标是image的标签。

其中：horizontalAlignment是水平对齐参数，可以选用值：LEFT、CENTER、RIGHT。

（2）JLabel的常用方法。

● getText()：获取标签文本。

● setText(String text)：设置标签文本。

● getIcon()：获取标签图标。

● setIcon(Icon icon)：设置标签图标。

2. JTextField组件（文本框）

JTextField是单行输入文本框类，用于接收用户输入的内容。

（1）JTextField的构造方法。

● JTextField()：生成一个内容为空的单行文本框。

● JTextField(String text)：生成一个单行文本框，text为初始字符。

● JTextField(int columns)：生成一个单行文本框，可显示columns个字符。

● JTextField(String text，int columns)：生成一个单行文本框，可显示columns个字符，并用text作为初始化字符。

（2）JTextField的常用方法。

● setHorizontalAlignment(int alignment)：设置水平排列方式。其中，alignment是水平排列参数，可以的取值主要有：JTextField. LEFT（左对齐）、JTextField. CENTER（中间对齐）、JTextField. RIGHT（右对齐）。

● setEnabled(Boolean enabled)：设置文本框是否可编辑。

3. JRadioButton组件（单选按钮）

单选按钮适用于多个选项中只能选中一项的情况。单选按钮是一个圆圈，被选中时，将有一个圆点，否则为空圈。

（1）JRadioButton的构造方法。

● JRadioButton(String)：带指定文本标签的单选按钮。

● JRadioButton(String，boolean)：带指定文本标签的单选按钮，如果第二个参数为true，则被选中。

（2）JRadioButton 的常用方法。

● setSelected(boolean)：如果参数为 true，则选中组件，否则不选中。

● isSelected()：返回一个布尔值，指出组件是否被选中。

要使多个单选按钮组织成一组，可以先创建一个 ButtonGroup 对象，然后调用方法 add (Component) 将指定的组件加入到组中。ButtonGroup 将确保组内一次只能有一个成员被选中。例如：

```
ButtonGroup choice = new ButtonGroup();
JRadioButton r1 = new JRadioButton("男", true);
choice.add(s1);
JRadioButton r2 = new JRadioButton("女", false);
choice.add(s2);
```

4. JComboBox 组件（下拉列表框）

JComboBox 是下拉列表框，又称为组合框，提供一个下拉式菜单，用户可以选择下拉菜单中的一项。当下拉列表框未被使用时，菜单被隐藏，这样它在图形用户界面上占用的空间将更小。

（1）JComboBox 的构造方法。

● JComboBox()：创建具有默认数据模型的 JComboBox。

● JComboBox(ComboBoxModel model)：创建一个 JComboBox，它取自现有的 ComboBoxModel 中。

● JComboBox(Object[] items)：创建包含指定数组中的元素的 JComboBox。

● JComboBox(Vector items)：创建包含指定 Vector 中的元素的 JComboBox。

（2）JComboBox 的常用方法。

● addItem(Object anObject)：为列表添加项。

● addItemListener(ItemListener aListener)：添加 ItemListener。

● addActionListener(ActionListener l)：添加 ActionListener。

● getItemAt(int anIndex)：返回指定索引处的列表项。

● getItemCount()：返回列表中的项数。

● getSelectedItem()：返回当前所选项。

● setSelectedIndex(int anIndex)：选择索引 anIndex 处的项。

● setSelectedItem(Object anObject)：将组合框显示区域中所选项设置为参数中的对象。

● removeItem(Object anObject)：从下拉列表中删除指定选项。

● removeItemAt(int anIndex)：从下拉列表中删除指定索引处的选项。

● removeAllItems()：删除列表中的所有选项。

● isEditable()：如果 JComboBox 可编辑，则返回 true。

（3）创建下拉列表框。

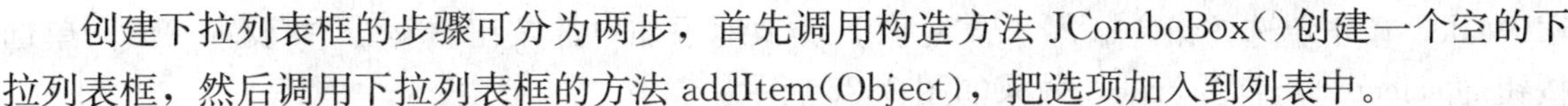

创建下拉列表框的步骤可分为两步，首先调用构造方法 JComboBox()创建一个空的下拉列表框，然后调用下拉列表框的方法 addItem(Object)，把选项加入到列表中。

例如，以下代码可实现创建一个下拉列表框：

```
JComboBox box = new JComboBox();
String[] f = {"计算机一班","计算机二班","计算机三班",};
for(int i = 0;i < f.length;i++)
    box.addItem(f[i]);
```

3.4.2　工作过程

创建一个学生信息编辑窗口，用于添加学生的基本信息，学生信息包括学号、姓名、性别、出生日期、家庭住址、联系电话、所属院系、所属班级等。在 JFrame 界面中，应该包含的组件有标签、文本框、单选按钮、下拉列表框和按钮等。

(1) 首先要设计好界面草图，确定界面上要摆上哪些组件以及组件摆放的位置。

(2) 在 StudentManager 项目中的 view 包下创建 addStu 类，继承 JFrame，并设置 size 属性为 570，380，title 属性为"添加学生"。

(3) 选中 JFrame 的内容面板 contentPane，在属性视图中将 layout 属性设为 null。单击 layout 框时会弹出一个布局方式的下拉列表。为了方便设计，选用最上面的 null，即不用任何布局管理器 LayoutManager 来设计界面。

(4) 布局设置好后，就可以在内容面板上摆置各种 Swing 组件了。在工具面板上选择 JLabel，然后在内容面板上拖选出一个矩形，组件命名为 lblTitle，并在属性视图中设置 text 属性为"请输入学生信息"，font 属性中字体大小设为 18，效果如图 3.22 所示。

(5) 添加其他标签，text 属性分别设为学号、姓名、性别、出生年月、电话、家庭住址、院系、所在班级，如图 3.23 所示。

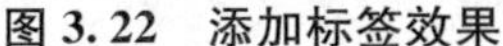

图 3.22　添加标签效果

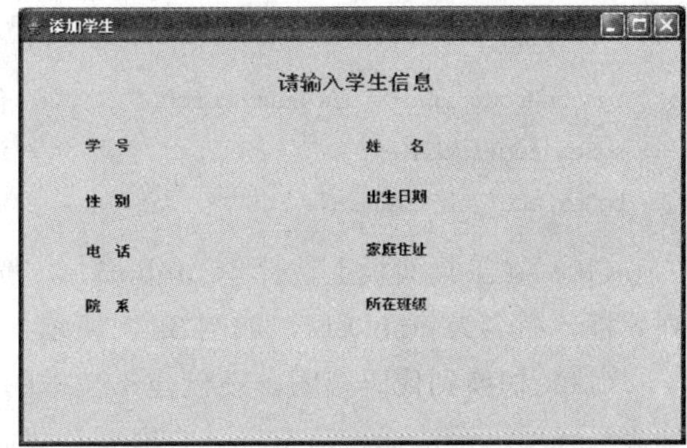

图 3.23　添加所有标签

(6) 在工具面板上选择 JTextField，添加一个名称为 txtSno 的文本框。选中拖出的文本框，在属性视图中设置 size 属性为 136、24，如图 3.24 所示。

(7) 执行类似的操作，添加姓名、出生日期、电话和家庭住址文本框，如图 3.25 所示。

(8) 在工具箱上选择 JRadioButton，然后在内容面板上拖选出一个单选按钮，命名为

rdbMale。单击单选按钮，输入“男”，然后类似地添加单选按钮“女”，并设置“男”单选按钮的 selected 属性为 true，效果如图 3.26 所示。

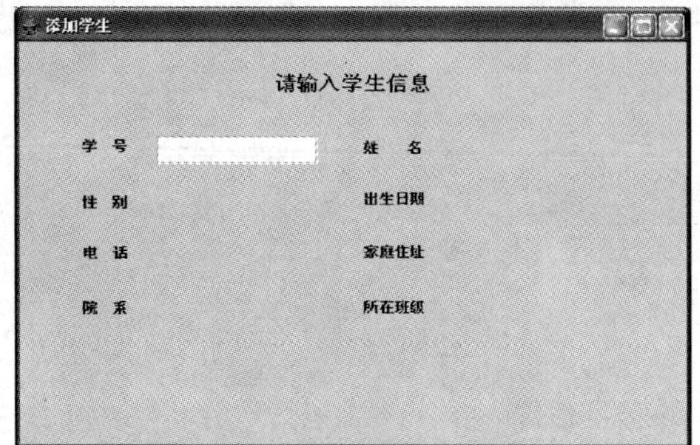

图 3.24 添加文本框效果

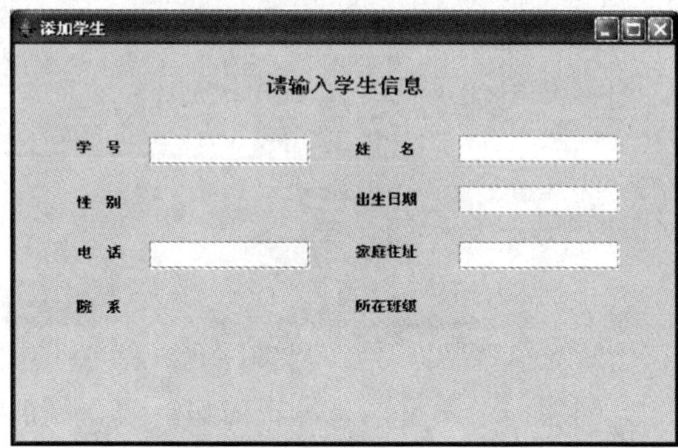

图 3.25 添加所有文本框

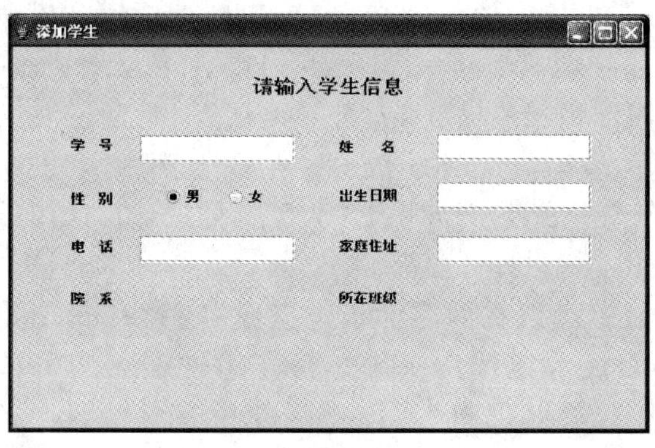

图 3.26 添加单选按钮效果

(9) 切换到代码视图，在 getJContentPane()方法中找到添加单选按钮的代码 JContentPane.add(getRdbFemale());，在其后添加三行代码，创建单选按钮组，并把“男”和“女”两个按钮添加到按钮组，具体代码如下：

```
ButtonGroup bgSex = new ButtonGroup();          //创建单选按钮组对象
bgSex.add(rdbMale);                             //添加“男”单选按钮到单选按钮组
bgSex.add(rdbFemale);                           //添加“女”单选按钮到单选按钮组
```

(10) 在工具面板上选择 JComboBox，然后在内容面板上院系的位置上拖选出一个下拉列表框，命名为 cmbDept，如图 3.27 所示。

(11) 切换到代码视图，在创建下拉框的方法 getCmbDept()中增加代码，添加院系下拉列表框选项：请选择、信息系、金融系，代码如下，运行结果如图 3.28 所示。

```
Object[] obj1 = new Object[]{"==请选择==","信息系","金融系"};      //一维数组
for(int i = 0;i < obj1.length;i++)            //for 循环
    cmbDept.addItem(obj1[i]);                 //调用 addItem 方法添加元素到下拉列表
```

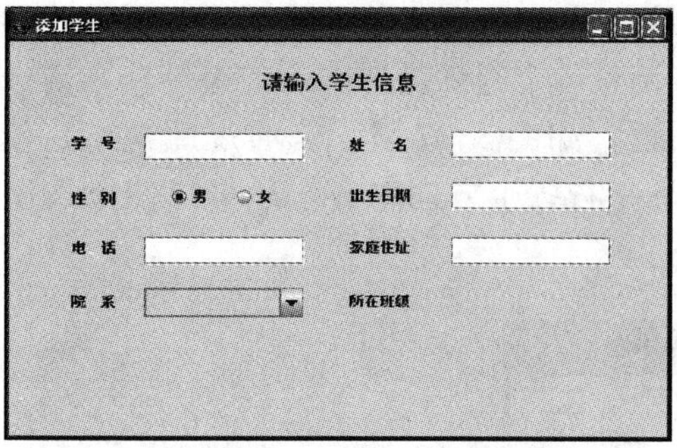

图 3.27　添加下拉列表框

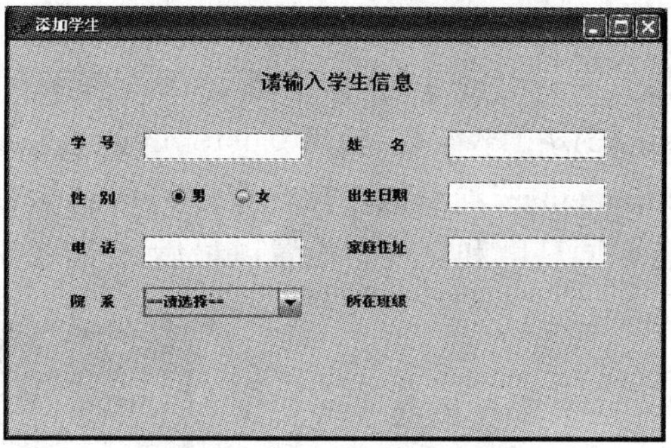

图 3.28　添加院系选项

（12）添加班级下拉列表框 cmbClass，并添加初始选项，代码如下：

```
Object[][] obj2 = new Object[][]{{" == 请选择 == ",""},
                    {"09 计算机一班","09 计算机二班"},
                    {"09 金融一班","09 金融二班"}
                    };
cmbClass.addItem(obj2[0][0]);
```

添加后的界面如图 3.29 所示。

（13）为院系下拉列表注册 ItemListener 监听器，当在院系下拉列表框中选择一个系时，则班级下拉列表框中也显示相应系的班级，这称为下拉列表框的级联效果。选择院系下拉列表框，右击选“Events→AddEvents”，选择 Item 选项的 itemStateChanged，然后添加下面实现级联效果的事件处理代码。

```
cmbDept.addItemListener(new ItemListener(){
    public void itemStateChanged(ItemEvent itemEvent){
        int index = cmbDept.getSelectedIndex();
        cmbClass.removeAllItems();
        for(int i = 0;i < obj2[index].length;i ++ ){
            cmbClass.addItem(obj2[index][i]);
        }
    }
});
```

（14）在工具面板上选择 JButton，添加“确定”和“取消”按钮，界面如图 3.30 所示。

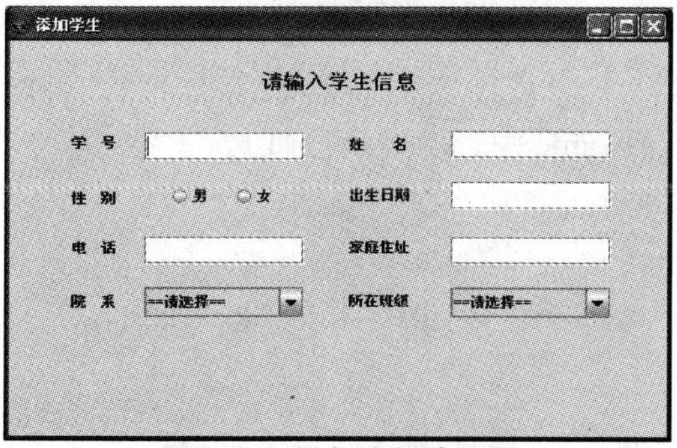

图 3.29　添加班级选项图

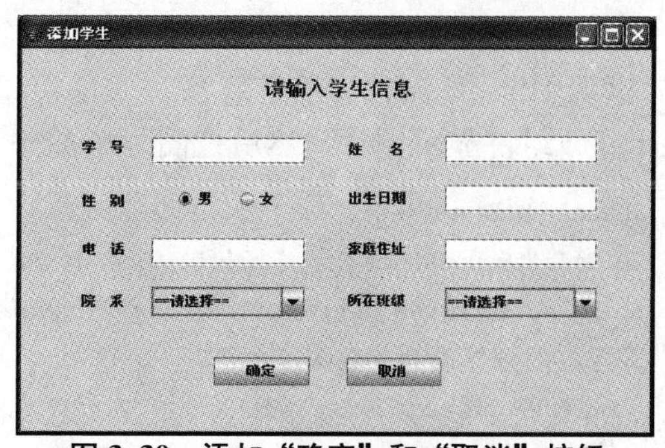

图 3.30　添加“确定”和“取消”按钮

（15）如果界面上的组件放得比较乱，可以直接拖动组件或者设置属性来调整组件的位置和大小。也可以利用 VE 提供的一些工具按钮来调整各个组件。选中一些组件，右击选择 Customrize Layout，弹出 Customrize Layout 对话框，如图 3.31 所示。通过此视窗，单击 Component 选项卡的按钮，可以将所选组件向上下左右各个方向对齐，还可以使所选组件具有相同高度和宽度，设置以最后选中的组件为准。

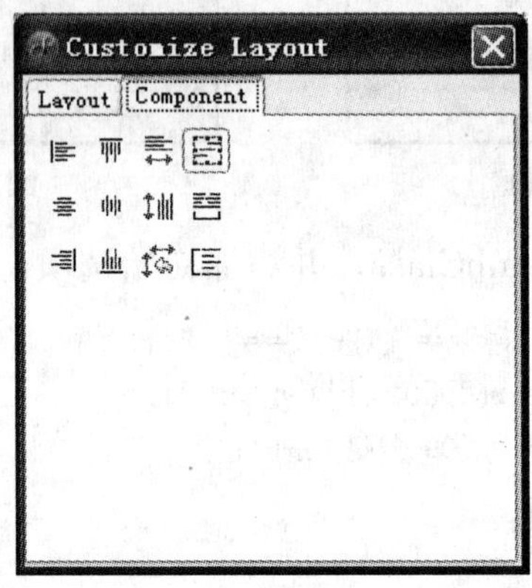

图 3.31　VE 对齐工具

任务 5　登录窗体的实现

3.5.1　知识准备：JPassword Field 组件、JFrame 背景图

1. JPasswordField 组件（密码输入框）

JPasswordField 是密码输入框类，在输入密码时显示的是屏蔽字符。

（1）JPasswordField 构造方法。

● JPasswordField()：生成一个内容为空的密码框。

● JPasswordField(int columns)：生成一个指定列数为 columns 的密码框。

（2）常用方法。

● public void setEchoChar(Char c)：设置密码框的回显字符，默认为 *。

● public char[]getPassword()：以字符数组的方式返回密码框中的实际文本。如果需要转换为 String 类型，可以用 new String（密码输入框对象 . getPassword()）。

2. JFrame 背景图

默认 JFrame 窗口为灰色背景，如果想给一个 JFrame 设置一个漂亮的背景图，可以利用 JLabel 组件显示图片，然后把图片标签添加到 JFrame 中。示例代码如下。

```
JLabel lblBg = new JLabel();                                        //创建空白标签
lblBg.setBounds(new Rectangle(0, 0, 400, 300));                     //设置标签位置和大小
lblBg.setIcon(new ImageIcon(getClass().getResource("/image/lg.jpg")));
//标签的图标设为背景图片
jContentPane.add(lblBg, null);                                      //添加标签到 JFrame 的内容面板中
```

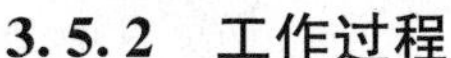

3.5.2　工作过程

（1）新建登录界面类 LoginFrame，继承 JFrame，包含 main 方法。

（2）设置内容面板的 layout 属性为 null，size 属性为 600、360。

（3）添加用户名、密码、身份三个标签。

（4）添加用户名文本框。

（5）在工具面板中选择 JPasswordField，在登录窗口上拖选出一个密码框。

（6）添加身份下拉列表框，选项为管理员、教师用户、学生用户，并且添加“登录”按钮和“注册”按钮。登录窗口如图 3.32 所示。

（7）添加一个 JLabel 到登录窗口，命名为 lblBg，调整标签大小到覆盖 JFrame 内容面板，然后设置 icon 值为背景图片，背景图片 bg.jpg 位于项目的 image 文件夹中。设置好登录窗口的背景，运行结果如图 3.33 所示。

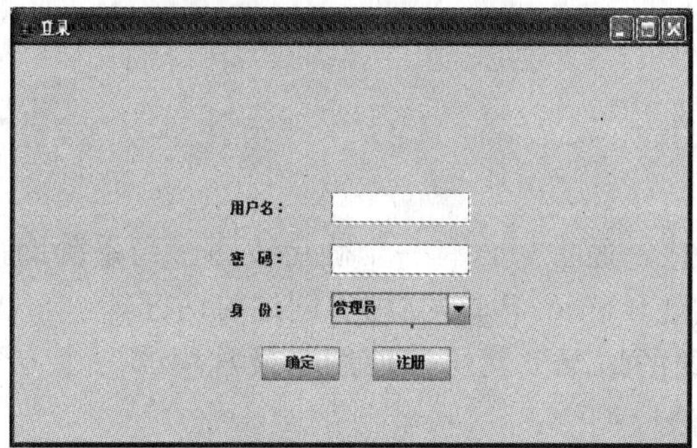

图 3.32　登录窗口

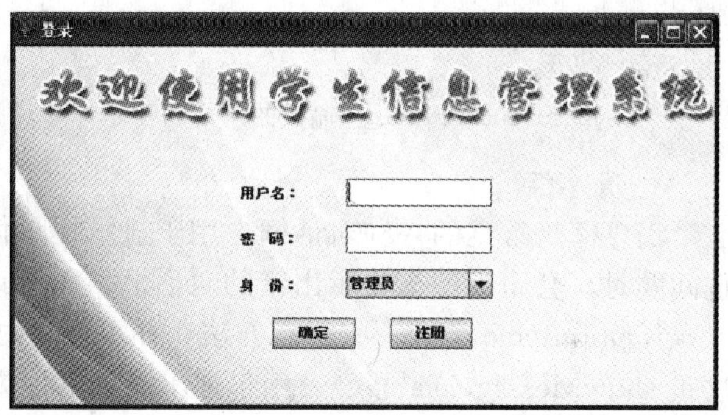

图 3.33　添加 JFrame 背景

任务6　窗体间的跳转

3.6.1　知识准备：窗体间的跳转、跳转条件、消息框

1. 窗体间的跳转

从一个窗体跳转到另一个窗体，一般都有一个触发事件，常见的是按钮 ActionEvent 单击事件。因此，在按钮的事件处理方法中，应该首先判断是否需要进行跳转，在条件满足的情况下再执行窗体跳转代码。窗体跳转可以理解为两步，关闭一个窗体和打开另一个窗体。

关闭一个窗体的方法是调用 dispose()方法，格式为：

```
窗体对象.dispose();
```

打开一个窗体的方法是创建一个新窗体对象，格式为：

```
new 窗体类名();
```

2. 跳转条件

在判断是否要进行跳转时，一般需要用到 if 语句和字符串的 equals()方法。

（1）if 条件语句。

语法格式：

```
if(条件)语句 1
else 语句 2
```

当条件为真时，执行语句 1，否则执行语句 2。

（2）equals() 方法。

equals() 方法是字符串的方法，用于判断两个字符串是否相等，在验证用户输入的值是否正确时，经常需要用到该方法。

语法格式：

```
字符串 1.equals(字符串 2)
```

例如，判断用户输入的用户名是否为 admin：

```
if("admin".equals(name))            //判断用户名是否等于 admin
    System.out.println("输入的用户名是 admin");
else
    System.out.println("输入的用户名不是 admin");
```

3. 消息框

消息框是常见的一种对话框，用于显示提示信息，通常只含有一个确定按钮。当系统出现问题时，会出现一个提示出错的对话框。Swing 的 JOptionPane 类用于创建对话框。

JOptionPane 类有一些静态方法，在不创建对象的情况下就可以使用。最常用的一个方法是 showMessageDialog()，用于弹出消息框，方法原型为：

```
public static void showMessageDialog(Component parentComponent,Object message)
```

其中，parentComponent 为父组件，它可以取两个值：对话框所在的 Frame，或取 null；message 为显示的信息内容，通常为 String 或 label 类型。

如果定义一个消息框，显示“登录成功”的信息，则代码如下：

```
JOptionPane.showMessageDialog(null,"登录成功");
```

3.6.2 工作过程

（1）单击登录窗口的【确定】按钮，右键菜单中选择“Events→Add Events”，添加 ActionPerformed 方法，处理【确定】按钮的单击事件。

（2）切换到代码视图，添加事件处理代码，如下面所示。实现的功能是如果用户名为 admin，密码为 123456，身份为管理员，则进入主界面，否则提示出错信息。

```
btnConfirm.addActionListener(new ActionListener() {
    public void actionPerformed(ActionEvent e) {
      String name = txtName.getText();
      String pwd = new String(txtPwd.getPassword()).trim();
      String type = cmbType.getSelectedItem().toString();
      if("admin".equals(name)&&"admin".equals(pwd)&&"管理员".equals(type)) {
```

```
            JFrame jf = new MainFrame();          //创建主界面对象
            jf.setVisible(true);                  //显示主界面
            dispose();                            //关闭登录界面
        }
        else{
            JOPtionPane.showMessageDialog(null,"输入的登录信息错误");
            txtName.setText("");                  //清空用户名框
            txtPwd.setText("");                   //清空密码框
            cmbType.setSelectedIndex(0);          //重置身份下拉列表框
        }
    }
});
```

(3) 运行 LoginFrame 程序，进行输入验证。如果输入的用户名为 admin，密码为 123456，身份为管理员，则会关闭登录窗口，并显示主界面，否则提示输入信息错误，如图 3.34 所示。单击【确定】按钮关闭消息框，然后清空输入框，用户可重新登录。

图 3.34　消息框

任务7　帮助菜单的实现

3.7.1　知识准备：帮助文件、HTML Help Workshop 的用法介绍

1. 帮助文件

几乎所有的软件都提供帮助功能，常见的帮助文件都是基于 HTML 格式，文件扩展名为 .chm。利用 chm 文件的目录、索引，用户可以方便地找到所需的相关软件知识。

HTML Help Workshop 是微软公司提供的制作帮助文件的一个工具，使用该软件能够简捷、方便、快速地开发帮助文件。HTML Help Workshop 软件可在微软相关网页或华军软件园下载，下载得到的是一个 HTMLHELP.EXE 文件，双击进行安装即可。

2. HTML Help Workshop 的用法介绍

使用 HTML Help Workshop 制作帮助文件的一个工具，主要步骤如下：

(1) 创建帮助主题文件。

创建帮助文件最基本的工作就是创建若干需要的帮助主题文件，有帮助首页面和各个主题所对应的页面，都是 HTML 文件。HTML 文件可以使用任何一个 HTML 编辑器编辑。帮助主题文件包括软件介绍、软件启动、使用方法等内容。

（2）创建项目文件。

项目文件（.hhp）是将帮助文件所需要的所有元素都联系在一起。

启动 HTML Help Workshop，单击菜单选择 File→New 命令，出现 New/Specify what to create 对话框，选择 Project 选项，单击 OK 按钮进入 Project 向导，如图 3.35 所示。直接单击下一步按钮，再单击 Browse 按钮，指定项目路径和文件名，如图 3.36 所示。

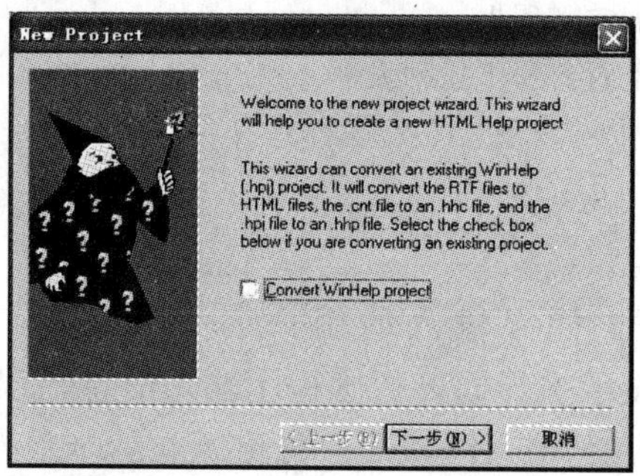

图 3.35　New Project 对话框

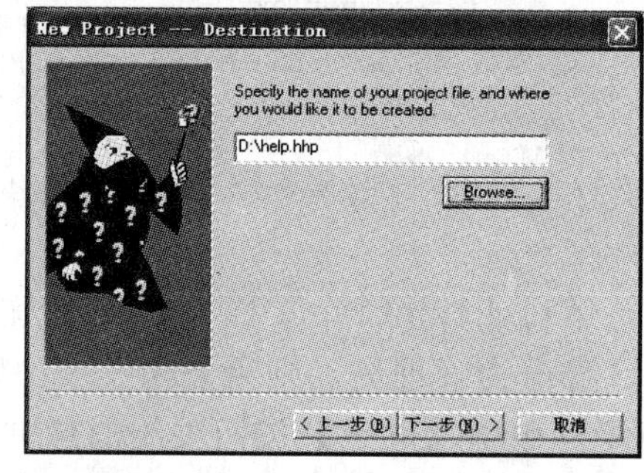

图 3.36　项目路径和文件名

然后一直单击【下一步】按钮，直到单击【完成】按钮，建立一个新项目，并进入项目文件编辑窗口，如图 3.37 所示。

单击 Project 选项卡中的 Add/ Remove topic files 按钮，出现 Topic Files 对话框，单击【Add】按钮，添加主题文件，如图 3.38 所示。单击【OK】按钮，完成添加主题文件。

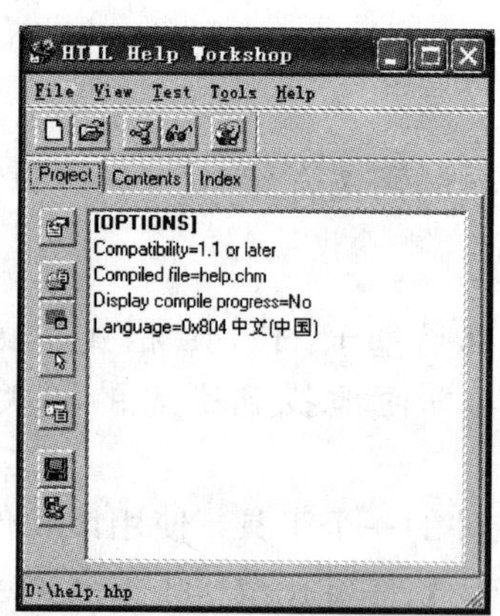

图 3.37　项目编辑窗口

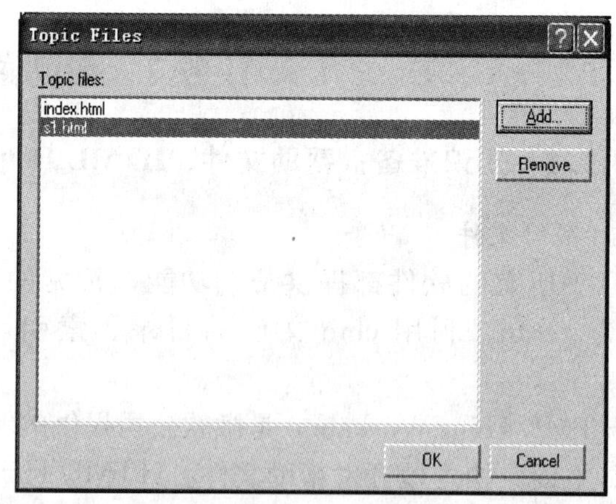

图 3.38　添加主题文件

单击 Change project options 按钮，出现 Options 对话框，在 General 选项卡的 Title 文本框中输入标题，编译后这个标题将出现在帮助文件窗口的标题栏中。在 Default file 栏中选择首页显示的 HTML 文件，如图 3.39 所示，然后单击【确定】按钮。

（3）创建目录文件。

目录文件（.hhc）包含帮助文件的所有目录标题，每个目录又包含条目（页）标题。单击项目文件窗口中的 Contents 选项卡，如果在创建项目文件时，没有包括目录文件，则会提示用户创建一个新的目录文件或打开一个已存在的目录文件，如图 3.40 所示。选择“Create a new contents file”，单击【OK】按钮将创建一个未命名的空目录文件，保存该文件。

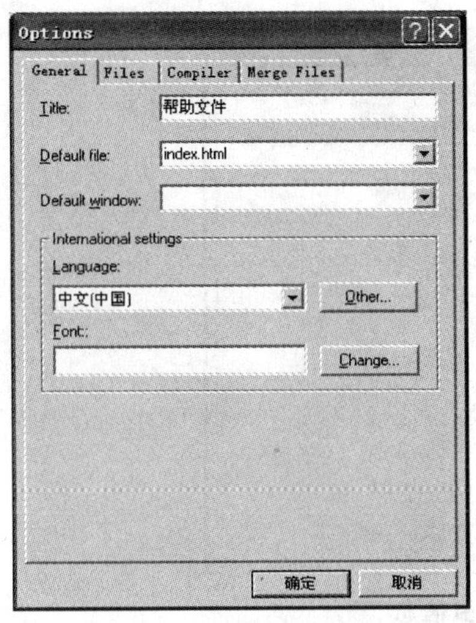

图 3.39　设置项目文件

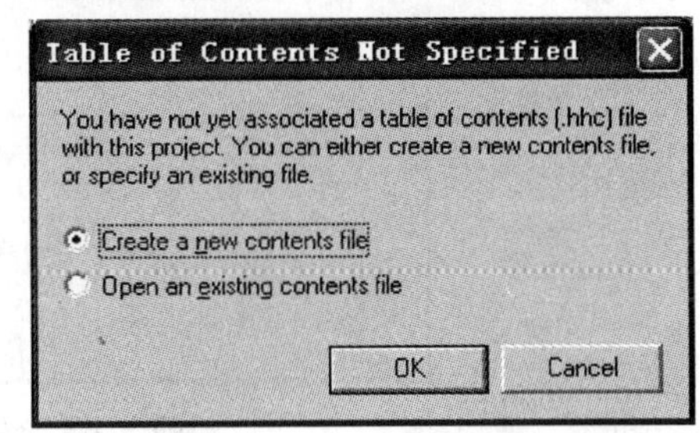

图 3.40　创建目录文件

在目录文件编辑窗口中单击 Insert a heading 按钮或 Insert a page 按钮，都会弹出“Table of Contents Entry”对话框，如图 3.41 所示。在 Entry title 栏中输入目录或条目的标题，单击 Add 按钮选择帮助主题文件。

（4）创建索引文件。

索引文件（.hhk）包含若干关键字，所谓关键字即用户可能用到的并与一个或多个帮助主题文件关联在一起的字、词或短语。单击项目文件编辑窗口中的 Index 选项卡，可以创建未命名索引文件，保存该文件，如图 3.42 所示。

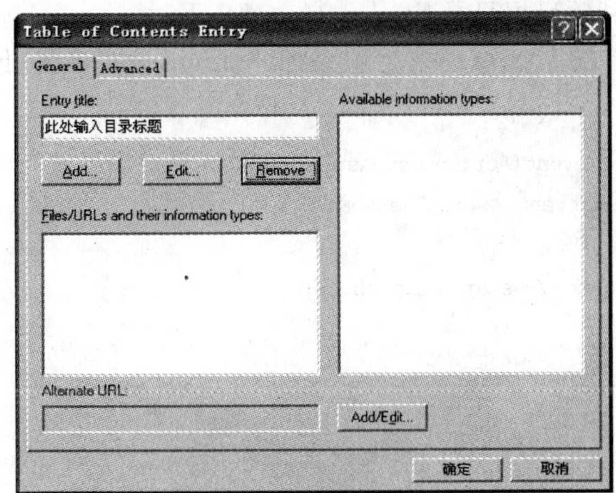

图 3.41　设置目录信息

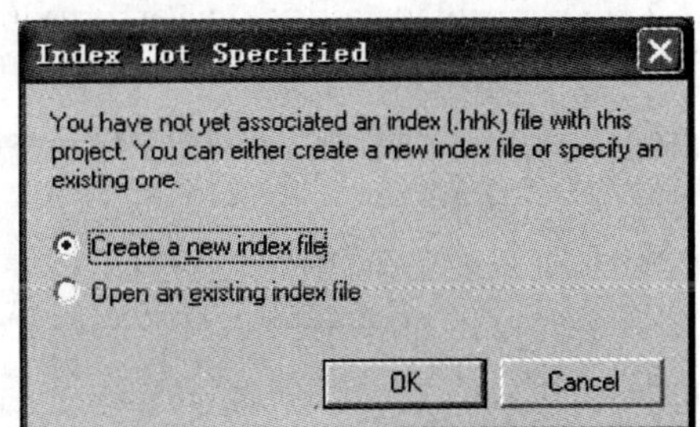

图 3.42　创建索引文件

在索引文件编辑窗口中，单击 Insert a keyword 按钮，出现“Index Entry”对话框，如图 3.43 所示。在 Keyword 框中输入关键字，单击【Add】按钮指定帮助主题页面。

(5) 编译、测试。

在项目文件编辑窗口中，单击 Save all files and compile 按钮进行编译。HTML Help Workshop 将编译生成一个帮助文件（. chm）。

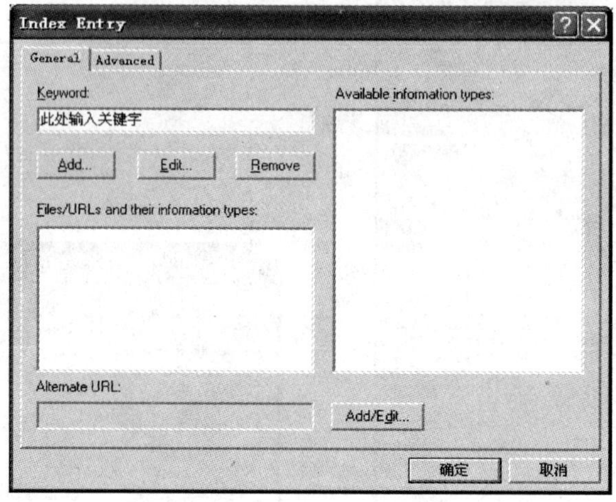

图 3.43 设置索引信息

3.7.2 工作过程

(1) 编写帮助主题文件，包括 index. html（首页）、intro. html（系统介绍）、use. html（使用说明）、maker. html（制作信息）。

(2) 创建项目文件，添加帮助主题文件，Default file 取值为 index. html。

(3) 创建目录文件，包括欢迎使用学生信息管理系统以及初次使用说明等标题和条目。

(4) 创建索引文件，输入和帮助主题文件相关的关键字。

(5) 编译生成 help. chm 文件，并复制到项目根目录 StudentManager 下。

(6) 打开 MainFrame 窗体，为帮助菜单的系统帮助菜单项添加 ActionEvent 事件处理代码，代码如下。

```
HelpMenu.addActionListener(new java.awt.event.ActionListener(){
    public void actionPerformed(java.awt.event.ActionEvent e){
      try {
        Runtime.getRuntime().exec("cmd.exe /c start help.chm");
      }
      catch(Exception ex) {
        ex.printStackTrace();
      }
    }
});
```

(7) 运行主界面，单击帮助菜单，则会显示帮助文件，如图 3.44 所示。

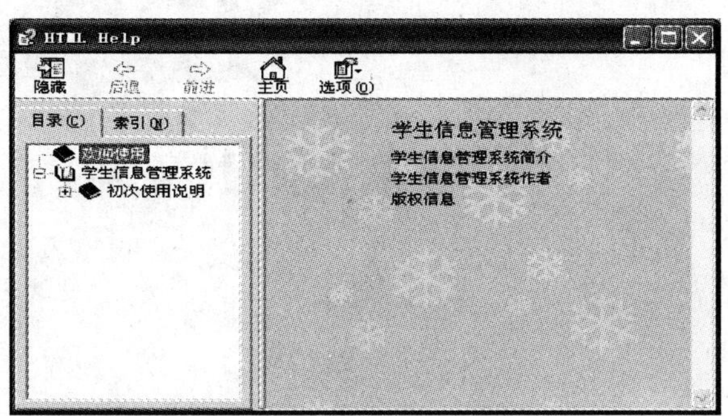

图 3.44　帮助文件

· 课后练习题 3 ·

设计员工信息管理系统的主要界面。

项目 4　学生管理系统的数据库操作

在项目 3 中，我们学习了 Swing 中的常用组件，通过 GUI 编程实现了学生管理系统的图形界面。本项目的任务主要是介绍如何利用 JDBC 访问数据库，把图形界面和数据库连接起来，实现学生管理系统的数据库操作功能。

任务 1　建立数据库及表

4.1.1　知识准备：数据库概念、SQL 语言、数据库表的设计

1. 数据库概念

数据库是现代信息系统的核心技术。我们知道，信息系统中有大量需要持久存储、重复使用的数据，而数据库技术就是管理数据的工具，其管理的数据具有最小冗余度和较高的数据与程序的独立性，而且数据库能保证数据的安全性，维护数据的一致性。

常用的数据库系统有 Oracle、Sybase、DB2、SQLServer、MySQL、Access 等。我们使用 SQL Server 作为学习 Java 数据库编程技术的平台。在关系数据库中，数据库由一张张表组成，表又有多个字段。一个表中可以存储多条记录，类似于我们平常见到的表格，以行和列的形式来表示数据。表和表之间还可以有关联关系。

2. SQL 语言

SQL 是一种数据库查询和编程语言，所有的主流数据库都可以使用 SQL 进行操作。我们想在 Java 编程环境中操作数据库，也需要使用 SQL 语句。

根据使用功能，SQL 语言主要有数据操作和数据定义两大类。本任务先介绍数据定义语句，数据操作语句在后面的子任务中再讲解。

常用的数据定义语句是 drop 和 create。

（1）drop 语句格式。

- 删除数据库：drop 数据库名
- 删除表：drop 表名

（2）create 语句格式。

- 新建数据库：create 数据库名
- 新建表：create table 表名（字段名 1 数据类型，字段名 2 数据类型，…）

新建表时要指定字段类型，常用的类型有：

- char（size）：定长字符串，size 是字符串的最大长度。
- varchar：变长字符串。
- int：整型。
- float：实型。
- datetime：日期时间型。

3. 数据库表的设计

分析学生管理系统，其主要功能是对学生基本信息和成绩信息进行管理，共需要建六张表，分别为用户表、学院表、班级表、学生表、课程表、成绩表。由于篇幅的原因，本任务主要以学生信息的操作为例进行系统开发，因此主要介绍前四张表。

（1）用户表。用户表用于记录用户信息，包括用户名、密码、用户类型，如表 4.1 所示。

表 4.1　　用户表（UserInfo）

字段名称	数据类型	字段大小	是否主键	字段说明
UserName	varchar	20	是	用户名称
Password	varchar	20	否	用户密码
UserType	char	10	否	用户类型

创建该表的 SQL 语句如下：

```
Create table UserInfo(UserName varchar(20) primary key, Password varchar(20) not null, UserType char(10) not null)
```

（2）院系表。院系表用于记录院系信息，包括学院号和学院名，如表 4.2 所示。

表 4.2　　院系表（Department）

字段名称	数据类型	字段大小	是否主键	字段说明
DeptId	char	12	是	院系号
DeptName	varchar	30	否	院系名称

建立该表的 SQL 语句如下：

```
Create table Department(DeptId char(12) primary key, DeptName varchar(30) not null)
```

（3）班级表。班级表用于记录班级信息，包含班号、班名、所属学院号这三个字段，如表 4.3 所示。

表 4.3　　班级表（Class）

字段名称	数据类型	字段大小	是否主键	字段说明
ClassId	char	12	是	班级号
ClassName	varchar	30	否	班级名称
DeptId	char	12	是	所属院系号

建立该表的 SQL 语句如下：

```
Create table Class(ClassId char(12) primary key, ClassName varchar(30) not null, DeptId char(12) not null),constraint Class_fk foreign key(DeptId) references Department(DeptId)
```

（4）学生表。学生表用于记录学生的基本信息，包括学生的学号、姓名、性别等，如表 4.4 所示。

表 4.4　　学生表（Student）

字段名称	数据类型	字段大小	是否主键	字段说明
StuId	char	12	是	学号
StuName	varchar	20	否	姓名
StuSex	char	1	否	性别
Birthday	datetime		否	出生日期
Address	varchar	60	否	家庭住址
ClassId	char	12	否	所属班号
DeptId	char	12	否	所属院系号

建立该表的 SQL 语句如下。

```
Create table Student(StuId char(12) primary key, StuName varchar(20) not null, StuSex char(1) not null, Birthday datetime, Address varchar(60), ClassId char(12) not null, DeptId char(12) not null), constraint Student_fk1 foreign key(ClassId) references Class(ClassId), constraint Student_fk2 foreign key(DeptId) references Department(DeptId)
```

4.1.2　工作过程

假定计算机上已经安装了 SQLServer 2005 数据库管理系统，并且设置 SQL Server 身份验证方式下的登录名为 sa，密码为 sa。建立数据库及表的步骤如下。

（1）启动 SQL Server 2005。选择“开始→所有程序→Microsoft SQL Server 2005→SQL Server Management Studio”，在弹出的连接到服务器对话框中输入正确的登录信息，如图 4.1 所示。然后单击【连接】按钮，就可以启动 SQLServer 2005 数据库服务器。

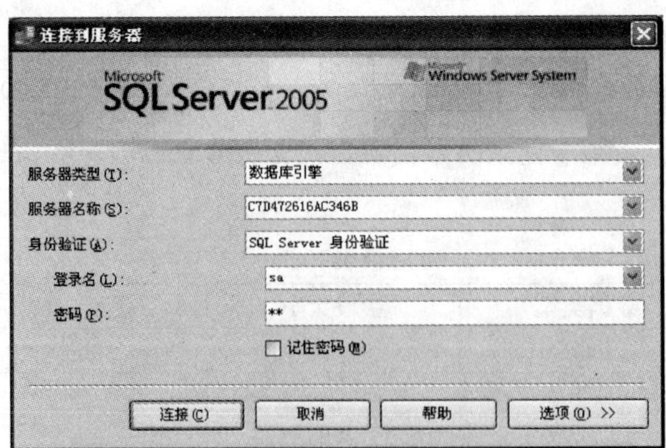

图 4.1　启动 SQL Server 2005

（2）建立数据库。在界面左侧的对象资源管理器中，选择数据库，右击选择“新建数据库”，如图 4.2 所示，弹出新建数据库对话框，在数据库名称项中输入 StuDB，单击【确定】按钮，完成新建一个数据库。

（3）建立数据库表。选择新建的 StuDB 数据库，单击其前面的“+”按钮，选择表，右击选择“新建表”，则弹出新建表的表格。在表中输入列名，选择类型，是否为空信息，然后在下一行单击【继续】按钮输入下一列信息，直到输入表中的全部列信息。单击保存按钮，输入表名 UserInfo，最后单击【确定】按钮。这样我们就在新建的数据库 StuDB 中建立一张表 UserInfo，如图 4.3 所示。

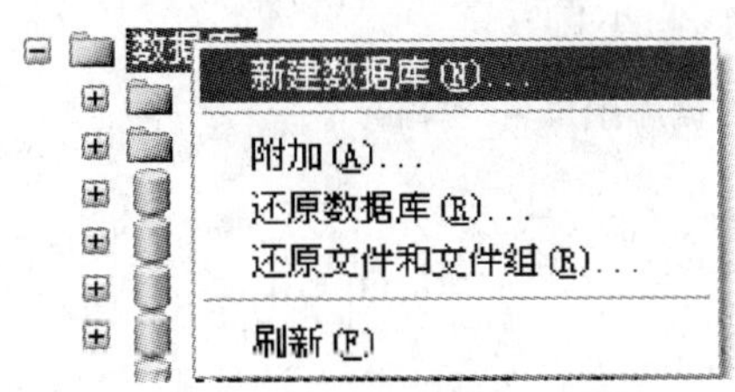

图 4.2　新建数据库

表 - dbo.UserInfo　摘要

列名	数据类型	允许空
UserName	varchar(20)	☐
Password	varchar(20)	☐
UserType	char(10)	☐

图 4.3　新建用户表

（4）参考上面建表操作和前面所述的表说明，依次建立院系表、班级表和学生表。

（5）为了便于数据操作，给每个表中都输入一些测试数据。

任务 2　利用 JDBC 访问数据库

4.2.1　知识准备：JDBC 简介、JDBC 基本编程模式、异常处理

1. JDBC 简介

JDBC 是 Java 数据库连接（Java DataBase Connectivit）技术的简称，利用 JDBC 技术可以很方便地使用 SQL 语言操作各种数据库。JDK 中提供 JDBC 功能的主要是 java. sql 包和 javax. sql 包。

（1）JDBC 数据库驱动。数据库驱动程序是连接不同数据库产品时，处理相关数据库的底层操作的代码。不同的数据库使用不同的驱动程序，通常由数据库厂商提供。SQL Server 2005 的驱动程序是一个压缩文件 sqljdbc. jar，可以从微软官方网站上下载。

（2）JDBC DriverManager。Sun 公司提供 JDBC DriverManager 类，它能够管理各种不同的 JDBC 驱动。

（3）JDBC API。JDBC API 由 Sun 公司提供，提供了 Java 应用程序与各种不同数据库交互的标准接口，如 Connection（连接）接口、Statement 接口、PreparedStatement 接口、ResultSet（结果集）接口等。开发者使用这些 JDBC 接口进行各类数据库操作。

2. JDBC 基本编程模式

开发一个 JDBC 程序，有以下基本步骤：

（1）把 JDBC 驱动类装载入 Java 虚拟机中。

通过调用 Class. forName()方法，可以把给定的 JDBC 驱动类装载到 Java 虚拟机中。如果系统中不存在给定的类，则会引发异常，异常类型为 ClassNotFoundException。代码示例：

```
Class.forName("JDBC 驱动类的名称");
```

（2）与数据库建立连接。

DriverManager 类调用 getConnection()方法时，会搜索整个驱动程序列表，直到找到一个能够连接到数据库连接字符串中指定数据库的驱动程序，建立与数据库的连接。此方法接收三个参数，分别为数据库连接字符串、用户名和密码。代码示例：

```
Connection conn = DriverManager.getConnection(连接字符串,数据库用户名,密码);
```

（3）创建 Statement 语句。

一旦连接建立，就使用该连接创建 Statement 接口的实例。使用 Statement 实例可以将 SQL 语句发送给它所连接的数据库并执行。代码示例：

```
Statement stmt = conn.createStatement(sql);
```

（4）发送 SQL 语句，并得到结果。

SQL 操作语句可归为两大类：一类是增、删、改，返回的是整数，其值是受影响的行数；另一类是查询，返回的是结果集。

Statement 的 executeUpdate()方法，可以将增删改的 SQL 语句传递给它所连接的数据库，返回受影响行数。Statement 的 executeQurey()方法，可以将查询的 SQL 语句传递给它所连接的数据库，并返回类型为 ResultSet 的对象，它包含执行 SQL 查询的结果。代码示例：

```
int i = stmt.execute("insert into Table1 values("1", "2", "3");      //执行插入语句
ResultSet rs = stmt.executeQuery("SELECT a,b,c FROM Table1");      //执行查询语句
```

（5）处理结果。

执行查询，得到结果集 ResultSet。使用 ResultSet 对象的 next()方法可将光标指向下一行。最初光标位于第一行之前，因此第一次调用 next()方法将把光标置于第一行。通过方法 getXXX 获取当前行中某列值，列名或列号可用于标识要从中获取数据的列。例如，数据表中第一行的列名为 a，存储类型为整型，则可以使用两种方法获取存储在该列中的值，如 rs. getInt（"a"）或 rs. getInt(1)。如果到达结果集的末尾，则 ResultSet 的 next()方法会返回 false。代码示例：

```
while (rs.next()) {
    int x = rs.getInt("a");
    String s = rs.getString("b");
}
```

3. 异常处理

异常是在程序的运行过程中所发生的不正常的事件，它会中断正在运行的程序。例如，

数据库连接失败就会产生异常。Java 语言使用异常处理机制为程序提供了处理错误的能力。

Java 使用 try-catch-finally 块捕获并处理异常，语法形式如下：

```
try{
    //可能发生异常的代码
}
catch(异常类型 e){
    //对异常进行处理的代码
}
finally{
    //总要被执行的代码
}
```

当 try 块中的代码产生错误时，会产生异常。异常是一类特殊的对象，当异常对象的类型与 catch 后的异常类型匹配时，则可以捕获到异常，此时 catch 块中的异常处理代码执行。而 finally 中的代码无论是否发生异常都会执行。

4.2.2　工作过程

（1）在 MyEclipse 中打开 StudentManager 项目，加载 JDBC 驱动程序的 jar 包。

学生管理系统用的数据库是 SQL Server 2005，驱动程序是 sqljdbc.jar。首先将 sqljdbc.jar 复制到项目中，然后在 Package Explorer 中选中 StudentManager 项目节点，右击设置 Java Build Path，选择"Libraries 标签页"，单击【Add JARs】按钮，添加项目内的 jar 文件到类路径，则可以把 jar 包引入工程。

（2）设计 StudentManager 项目的目录结构，前面已经建了 view 包，界面类放在其中。在项目下建立 dao 包和 entity 包，dao 包中放数据库操作类，entity 包中放实体类。

（3）新建 BaseDao 类，负责数据库的连接与关闭。

数据库的连接与关闭代码在每个例子中都是有共同之处的。我们把这些共同的东西抽象出来，封装成类，可以实现代码复用。新建 BaseDao 类，完成数据库的连接与关闭功能。今后在连接和关闭数据库时，可以直接应用该类，代码如下：

```
package dao;
import java.sql.*;
public class BaseDao {
        private static final String DRIVER_CLASS = "com.microsoft.sqlserver.jdbc.SQLServerDriver";
        private static final String DBURL = "jdbc:sqlserver://localhost:1433;DataBaseName = stuDB";
        private static final String USRENAME = "sa";
        private static final String PASSWORD = "sa";
public static Connection getConnection()   //返回数据库连接
{
        Connection dbConnection = null;
        try {
                Class.forName(DRIVER_CLASS);
                dbConnection = DriverManager.getConnection(DBURL,USRENAME, PASSWORD);
```

```
        } catch (Exception e) {
            e.printStackTrace();
        }
        return dbConnection;
    }
public static void closeConnection(Connection dbConnection)        //关闭数据库连接
{
    try {
        if (dbConnection != null && (!dbConnection.isClosed())) {
            dbConnection.close();
        }
    } catch (SQLException sqlEx) {
        sqlEx.printStackTrace();
    }
}
public static void closeStatement(PreparedStatement pStatement)   //关闭语句
{
    try {
        if (pStatement != null) {
            pStatement.close();
            pStatement = null;
        }
    } catch (SQLException e) {
        e.printStackTrace();
    }
}
}
public static void closeResultSet(ResultSet res)                   //关闭结果集
{
    try {
        if (res != null) {
            res.close();
            res = null;
        }
    } catch (SQLException e) {
        e.printStackTrace();
    }
}
```

（4）新建实体类 UserInfo。

在用户登录模块中，我们需要存储的对象是各个用户。因此，首先要创建一个类，代表用户，这个类中包含属性：用户名、密码、用户类型，并提供 getter/setter 方法。这样的类称为实体类。一般情况下，实体类与数据表一一对应。

选中 entity 包，新建一个类，类名为 UserInfo，在代码中添加三个属性：userName、password、userType，然后在代码视图中单击右键，在菜单中选择“source →Generate Getters and Setters”，选中三个属性的复选框，单击【OK】按钮，则会自动生成这些属性的公有访问方法。在右键菜单中选择“source→Generate Constructor using Fields”，可以自动生成带参数的构造方法。在右键菜单中选择“source→Generate Constructors from Superclass”，可以自动生成无参数的构造方法。

UserInfo 类的代码如下。

```
package view;
public class UserInfo {
    private String userName;                //用户名
    private String passsword;               //密码
    private String userType;                //用户类型
    public UserInfo()      {
        super();
    }
    public UserInfo (String userName, String password, String userType){
        this. userName = userName;
        this. password = password;
        this. userType = userType;
    }
    public String getUserName() {
        return userName;
    }
    public void setUserName(String userName) {
        this.  userName = userName;
    }
    public String getPassword() {
        return password;
    }
    public void setPassword(String password) {
        this.  password = password;
    }
    public String getUserType() {
        return userType;
    }
    public void setUserType (String userTypee) {
        this. userType = userType;
    }
}
```

（4）新建 UserDao 类，包含插入新用户的方法 int insertUser(UserInfo user1)。

```
package dao;
```

```
import java.sql.*;
import java.util.*;
import entity.UserInfo;
public class UserDao {
        public static int insertUser (UserInfo user1) {
            Connection conn = null;
            Statement stmt = null;
            int flag = 0;
            try {
                conn = BaseDao.getConnection();
                String name = user1.getUserName();
                String pwd = user1.getPassword();
                String type = user1.getUserType();
                String sql = "insert into UserInfo values('" + name + "','" + pwd + "','" + type + "')";
                stmt = conn.createStatement();
                flag = stmt.executeUpdate(sql);
            } catch (SQLException se) {
                se.printStackTrace();
            } finally {
                BaseDao.closeConnection(conn);
            }
            return flag;
} }
```

（5）新建 UserTest 类，在 main 方法中创建一个 UserInfo 对象，然后调用 insertUser() 方法，测试能否添加一个用户。

```
public class UserTest{
        public static void main(String[] args){
            UserInfo user1 = new UserInfo("admin","123456","管理员");
          flag = UserDao.insertUser(user1);
              if(flag == 1)
                  System.out.println("插入成功");
              else
                  System.out.println("插入失败");
        }
}
```

（6）运行 UserTest 程序，则会添加一个指定的用户到数据库中的用户信息表中，并在控制台显示“插入成功”，运行结果如图 4.4 所示。

任务 3　完善登录功能

4.3.1　知识准备：登录验证、select 语句

1. 登录验证

登录模块是所有系统的必备功能，在项目 3 中，我们已经创建了登录窗体，并实现了窗

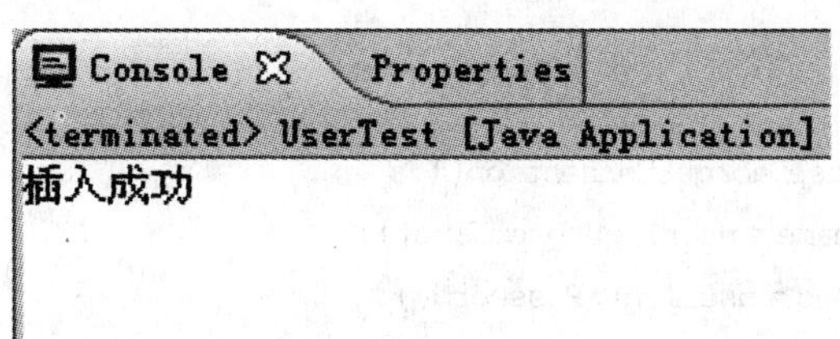

图 4.4　测试结果

体按钮的单击事件，但是，当时用于进行用户验证的用户名、密码、身份类型是固定的，而在实际信息系统中，用户信息存储在数据库中，因此需要判断用户输入的登录信息是否与数据库中的信息匹配。

进行登录验证的基本思路是：

（1）从登录界面中获取用户输入。

（2）查询数据库，判断用户表中是否有该用户。

（3）根据判断结果进行窗体跳转。

2. select 语句

要进行查询操作，需要用到 select 语句。select 语句的作用就是查询存储于数据库表中的数据。select 语句的常用格式如下：

```
select 字段 1 [,字段 2, … ] from 表名 [where 选择条件] [order by 排序条件]
```

其中：

（1）位于 select 关键词之后的字段名是指定作为查询结果返回的列表，用户可以按照自己的需要选择任意字段，还可以使用通配符“*”表示表格中的所有字段。

（2）位于 from 关键词之后的表名是要进行查询操作的表格名称，可以是一张表，也可以是多张表。

（3）where 子句是可选项，用于指定从表中查询数据的条件，从而决定哪些行将被作为查询结果返回或显示。

（4）order by 子句是可选项，用于指定对输出结果进行排序的列名，默认是按升序排列。如果需要按降序排列，则在其排序字段后使用关键字 desc。

例如：查询所有男学生的学号和姓名，按年龄从大到小的顺序排列，则 SQL 语句为：

```
select stuNo, stuName form student where stuSex = '男' order by Birthday
```

4.3.2　工作过程

（1）在 UserDao 类中添加方法 checkValid（UserInfo user），用于进行用户验证。该方法返回布尔型值，如果为真，则表示是合法用户，否则不是合法用户。方法代码如下。

```
public static boolean checkValid(UserInfo user1)
{
      Connection conn = null;
      Statement stmt = null;
      ResultSet rs = null;
```

```
        boolean valid = false;
        try {
            conn = BaseDao.getConnection();
            String name = user1.getUserName();
            String pwd = user1.getPassword();
            String type = user1.getUserType();
            String sql = "select * from UserInfo where username = '" + name + "' and password = 
        '" + pwd + "' and userType = '" + uType + "'";
            stmt = conn.createStatement();
            rs = stmt.executeQuery(sql);
            if(rs.next())
              valid = true;
        } catch (SQLException se) {
            se.printStackTrace();
        } finally {
            BaseDao.closeConnection(conn);
        }
            return valid;
}
```

（2）在登录界面 loginFrame 类的其他 import 语句后面，添加两个导入语句：

```
import entity.UserInfo;
import dao.UserDao;
```

（3）修改登录界面的“确定”按钮的单击事件代码。

```
jButtonConfirm.addActionListener(new java.awt.event.ActionListener() {
public void actionPerformed(java.awt.event.ActionEvent e) {
            String name = jTextFieldName.getText();
            String pwd = new String(jPasswordFieldPwd.getPassword()).trim();
            String type = jComboBoxType.getSelectedItem().toString();
            boolean valid = false;
            UserInfo user1 = new UserInfo(name, pwd, type);
            valid = UserDao.checkValid(user1);
            if(valid){
                JFrame jf = new MainFrame();
                jf.setVisible(true);
                dispose();
            }
            else
            {           JOptionPane.showMessageDialog(null,"输入的登录信息错误");
                        jTextFieldName.setText("");
                        jPasswordFieldPwd.setText("");
                        jComboBoxType.setSelectedIndex(0);
```

```
                        }
                }
        });
```

（4）运行登录界面，输入前面添加成功的用户信息，测试登录验证是否有效。

任务 4 向数据库添加学生信息

4.4.1 知识准备：insert 语句、List 接口和 ArrayList 类

1. insert 语句

insert 语句的作用是插入一行数据到数据库表中，insert 语句的常用格式如下：

```
insert into 表名 [(列名表)] values(对应列值表)
```

其中：

（1）表名是要插入数据的表名。

（2）列名表是一个可选项，用于指定要插入数据值的列名的列表。

（3）对应列值表是按照表定义或者列名表所规定的次序的列值表。

insert 语句的用法举例：

插入一个用户名为 zhangsan，密码为 zhang123，用户类型为学生的用户到表 UserInfo 中，则使用的 SQL 语句为：

```
insert into UserInfo values('zhangsan', 'zhang123', '学生');
```

2. List 接口和 ArrayList 类

Java 提供集合框架，存储对象数据。ArrayList 可简单理解为可变大小的数组，ArrayList 类实现了 ArrayList 接口。

ArrayListList 的常用方法：

- ArrayList()：构造方法，创建 ArrayList 对象。
- add()：添加对象到集合中。
- size()：返回集合的长度，即集合中对象的个数。

代码示例：

```
ArrayList list = new ArrayList( );
list.add("北京");
list.add("天津");
for(int i = 0;i < list.size();i ++ )        //循环输出集合中的对象
{    String s = (String)list.get(i);
     System.out.println(s);
}
```

4.4.2 工作过程

（1）在 entity 包下，创建院系实体类 Department，定义属性 deptId、deptName。从右

键菜单中选择 source，添加无参和有参构造方法，以及 getter/setter 方法。属性变量如下：

```
private String deptId;
private String deptName;
```

（2）创建班级实体类 Class，包含属性 classId、className、deptId，并生成所需方法。

```
private String classId;
private String className;
private String deptId;
```

（3）创建学生实体类 Student，包含八个属性，属性变量如下：

```
private String stuId;
private String stuName;
private String stuSex;
private Date birthday;
private String phone;
private String address;
private String deptId;
private String classId;
```

（4）创建 DeptDao 类，添加方法 getAllDept()方法，功能是获取所有的院系名称。

```
package dao;
import java.sql.*;
import java.util.List;
import java.util.ArrayList;
import entity.Department;
public class DeptDao {
public static List getAllDept()
{
        List list = new ArrayList();
        Connection conn = null;
        Statement stmt = null;
        ResultSet rs = null;
        String sql = null;
        try {
              conn = BaseDao.getConnection();
              sql = “select * from Department”;
              stmt = conn.createStatement();
              rs = stmt.executeQuery(sql);
              while(rs.next()) {
              Department dept = new Department(rs.getString(“DeptId”),rs.getString(“DeptName”));
              list.add(dept);
              }
        } catch (SQLException se) {
```

```
            se.printStackTrace();
        } finally {
            BaseDao.closeConnection(conn);
        }
        return list;
    }
}
```

（5）创建 ClassDao 类，添加方法 getClassByDeptName（String deptName）方法，功能是根据给定的院系名称得到所在院系的所有班级名称。

```
package dao;
import java.sql.*;
import java.util.List;
import java.util.ArrayList;
import entity.Class;
public class ClassDao {
public static List getClassByDeptName(String deptName)
{
        List list = new ArrayList();
        Connection conn = null;
        Statement stmt = null;
        ResultSet rs = null;
        String sql = null;
        try {
            conn = BaseDao.getConnection();
            sql = "select ClassName from Class, Department where Class.DeptId = Department.DeptId and Department.DeptName = '" + deptName + "'";
            stmt = conn.createStatement();
            rs = stmt.executeQuery(sql);
            while(rs.next()) {
                list.add(rs.getString("ClassName"));
            }
        } catch (SQLException se) {
            se.printStackTrace();
        } finally {
            BaseDao.closeConnection(conn);
        }
        return list;
} }
```

（6）在学生信息编辑类 AddStu 中导入需要的类，修改 getCmbDept()方法，实现动态添加院系和班级，代码如下：

```
private JComboBox getCmbDept() {
```

```
        if (cmbDept == null) {
            List list = DeptDao.getAllDept();
            cmbDept = new JComboBox();
            cmbDept.addItem("==请选择==");
            for(int i = 0;i < list.size();i++)
            {
                cmbDept.addItem(((Department)list.get(i)).getDeptName());//添加院系选项
            }
            cmbDept.setBounds(new Rectangle(115, 214, 136, 26));
            cmbDept.addItemListener(new java.awt.event.ItemListener() {
                public void itemStateChanged(java.awt.event.ItemEvent e) {
                    String name = cmbDept.getSelectedItem().toString();//获取所选院系名称
                    List list = ClassDao.getClassByDeptName(name);      //获取班级列表
                    jComboBoxClass.removeAllItems();
                    for(int i = 0;i < list.size();i++){
                        jComboBoxClass.addItem((String)list.get(i)); //添加班级选项
                    }
                }
            });
        }
        return cmbDept;
}
```

（7）DeptDao 类中写方法 getDeptIdbyDeptName( )，根据系部名称获取系部 ID，代码如下：

```
public static String getDeptIdbyDeptName(String deptName){
        String deptId = null;
        Connection conn = null;
        Statement stmt = null;
        ResultSet rs = null;
        String sql = null;
        try {
            conn = BaseDao.getConnection();
            sql = "select DeptId from Department where DeptName ='" + deptName + "'";
            stmt = conn.createStatement();
            rs = stmt.executeQuery(sql);
            if(rs.next()) {
                deptId = rs.getString(1);
            }
        } catch (SQLException se) {
            se.printStackTrace();
        } finally {
            BaseDao.closeConnection(conn);
```

```
        }
        return deptId;
}
```

（8）ClassDao 类中写方法 getClassIdbyClassName( )，根据班级名称获取班级 ID，代码如下：

```
public static String getClassIdbyClassName(String className){
        String classId = null;
        Connection conn = null;
        Statement stmt = null;
        ResultSet rs = null;
        String sql = null;
        try {
              conn = BaseDao.getConnection();
              sql = "select ClassId from Class where ClassName = '" + className + "'";
              stmt = conn.createStatement();
              rs = stmt.executeQuery(sql);
             if(rs.next())
              {
                    classId = rs.getString(1);
               }
        } catch (SQLException se) {
               se.printStackTrace();
        } finally {
               BaseDao.closeConnection(conn);
        }
        return classId;
}
```

（9）创建 StuDao 类，增加方法 insertStudent()，功能是插入一个学生信息，代码如下：

```
public static int insertStudent(Student stu) {
        Connection conn = null;
        Statement stmt = null;
        int flag = 0;
        try {
              conn = BaseDao.getConnection();
              String id = stu.getStuId();
              String name = stu.getStuName();
              String sex = stu.getSex();
              SimpleDateFormat HMFromat = new SimpleDateFormat("yyyy-MM-dd hh:mm:ss");
              String birthday = HMFromat.format( stu.getBirthday());
              String phone = stu.getPhone();
              String address = stu.getAddress();
```

```
            String deptId = stu.getDeptId();
            String classId = stu.getClassId();
            String sql = "insert into Student values('" + id + "', '" + name + "', '" + sex + "', '" + 
birthday + "', '" + phone + "', '" + address + "', '" + deptId + "', '" + classId + "')";
            stmt = conn.createStatement();
            flag = stmt.executeUpdate(sql);
        } catch (SQLException se) {
            se.printStackTrace();
        } finally {
            BaseDao.closeConnection(conn);
        }
        return flag;
    }
```

（10）为“确定”按钮添加 Action 事件处理，根据输入的信息，添加一个学生信息到数据库中，代码如下：

```
Student stu = new Student();
stu.setStuId(txtSno.getText());
stu.setStuName(txtName.getText());
stu.setStuSex(
Date date = null;
try {SimpleDateFormat simpleDateFormat = new SimpleDateFormat("yyyy-MM-dd");
    date = simpleDateFormat.parse("txtBirthday.getText()"); //字符串转化 Date
}catch(Exception e){
    e.printStackTrace();
}
  stu.setBirthday(date);
  stu.setPhone(txtPhone.getText());
  stu.setAddress(txtAddress.getText());
  stu.setDeptId(DeptDao.getDeptIdbyDeptName(cmbDept.getSelectedItem().toSting()));
  stu.setClassId(ClassDao.getClassIdbyClassName (cmbClass.getSelectedItem().toString()));
  int num = StuDao.insertStudent(stu);
  if(num > 0)
      JOptionPane.showMessageDialog(null, "添加成功","Message", 1);
  else
      JOptionPane.showMessageDialog(null,"添加失败","Message",1);
```

（11）运行程序，在学生信息编辑窗口中输入学生信息，验证插入是否成功。

任务 5　从数据库中删除学生信息

4.5.1　知识准备：delete 语句、确认框

1. delete 语句

delete 语句的作用是删除数据库表中满足规定条件的记录。delete 语句的常用格式如下：

```
delete from 表名 [where 条件子句]
```

其中：

（1）表名是要删除数据行的表名。

（2）where 后面的条件为删除记录的条件。

delete 语句的用法举例：删除学号为 S20080010 的学生记录，SQL 语句为：

```
delete from student where stuNo = 'S20080010'
```

2. 确认框

确认框是用于显示询问信息的小窗口，一般有确定（confirm）、取消（cancel）等按钮。例如，当我们要删除一条记录时，一般将会出现一个对话框，确认是否真的要这样做。

Swing 中的 JOptionPane 类提供静态方法 showConfirmDialog()，用于创建确认框。

方法格式：

```
public static int showConfirmDialog(Component parentComponent, Object message, String title, int optionType)
```

其中，parentComponent 为父组件；message 为显示的信息；title 为确认框的标题；optionType 为确认框的选项类型。

例如：定义一个确认框，询问“确定要删除”的信息，代码为：

```
JOptionPane.showConfirmDialog(null,"确定要删除","提示信息", JOptionPane.OK_CANCEL_OPTION);
```

与消息框的静态方法不同的是，确认框的静态方法有返回值，如表 4.6 所示。这样就可以根据返回值判断用户执行了什么操作。

表 4.6　确认框静态方法的返回值

用户单击按钮	方法返回值	用户单击按钮	方法返回值
是	YES_OPTION 或 0	确认	OK_OPTION 或 0
否	NO_OPTION 或 1	未单击，直接关闭	CLOSED_OPTION 或-1
撤销	CANCEL_OPTION 或 2		

4.5.2　工作过程

（1）在 stuDao 类中添加删除学生信息的方法，代码如下：

```
public static int deleteStudentByStuId(String StuId) {
        Connection conn = null;
        Statement stmt = null;
        int flag = 0;
       try {
          conn = BaseDao.getConnection();
          String sql = "delete from Student where StuId = " + StuId;
          stmt = conn.createStatement();
          flag = stmt.executeUpdate(sql);
          if(flag == 1)
```

```
                JOptionPane.showMessageDialog(null,"删除成功","Message",1);
            else
                JOptionPane.showMessageDialog(null,"删除失败","Message",1);
        } catch (SQLException se) {
            se.printStackTrace();
        } finally {
            BaseDao.closeConnection(conn);
        }
        return flag;
    }
```

（2）新建删除窗体，如图 4.5 所示。

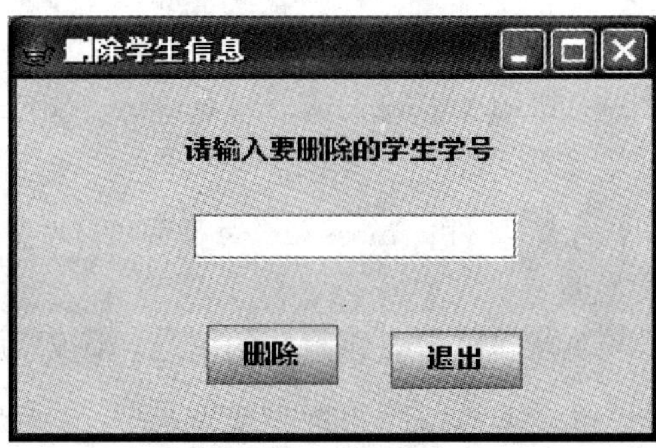

图 4.5　“删除”窗口

（3）实现“删除”按钮的单击事件处理，弹出确认框，如果确定要删除，则调用删除方法。

```
String stuId = txtStuId.getText();
int option = JOptionPane.showConfirmDialog(null,"确定要删除","提示信息", JOptionPane.OK_CANCEL_OPTION );
if(option == 0)
    StuDao. deleteStudentByStuId(stuId);
```

任务 6　修改数据库中的学生信息

4.6.1　知识准备：update 语句、用 Prepared Statement 代替 Statement

1. update 语句

update 语句的作用是修改数据库表中满足规定条件的记录的数据。

update 语句的常用格式如下。

```
update 表名 set 列 = 值 [, 列 = 值] [where 条件子句]
```

其中：

① 表名是要修改数据的表名。

② 列是要修改数据的列名。

③ 值是修改之后的新的列值。

④ where 后面的条件子句是定位被修改数据行的条件。

update 语句用法举例：把学号为 S20080010 的学生从计算机一班调到计算机二班，

SQL 语句为：update student set class= ‘计算机二班’ where stuNo= ‘S20080010’

2. 用 PreparedStatement 代替 Statement

PreparedStatement 接口继承自 Statement 接口，PreparedStatement 比普通的 Statement 对象使用起来更加灵活，更加安全，效率更高。

PreparedStatement 实例包含已编译的 SQL 语句，SQL 语句可具有一个或多个输入参数。这些输入参数的值在 SQL 语句创建时未被指定，而是为每个输入参数保留一个问号（“?”）作为占位符。

以下的代码段创建带有输入参数的 SQL 语句的 PreparedStatement 对象：

```
PreparedStatement pstmt = conn.prepareStatement("select * from tables where a = ?");
```

在执行 PreparedStatement 对象之前，必须设置每个输入参数的值。可通过调用 setXXX 方法来完成，其中 XXX 是与该参数对应的类型。setXXX 方法的第一个参数是要设置参数的序数位置，第二个参数是设置给该参数的值。例如，以下代码将第一个参数设为整型值 10，第二个参数设为字符串“admin”。

```
pstmt.setInt(1,10);
pstmt.setString(2,"admin");
```

4.6.2　工作过程

（1）创建修改查询窗体，如图 4.6 所示。

（2）添加“修改”按钮的单击事件处理，调用查询方法 getStuByStuId()根据学号进行查询，然后在如图 4.7 所示的修改界面中显示学生信息，并允许编辑。

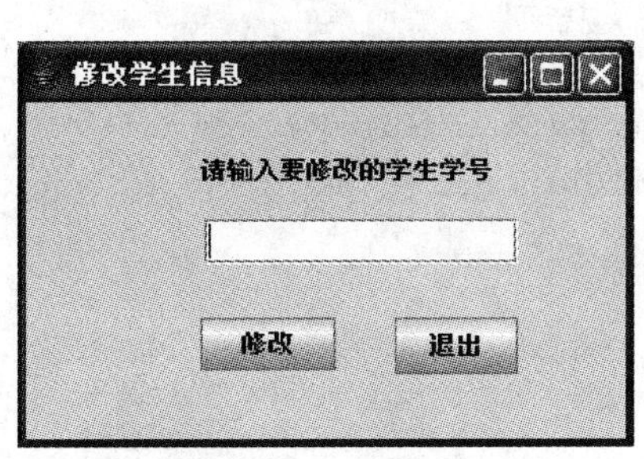

图 4.6　修改查询窗口

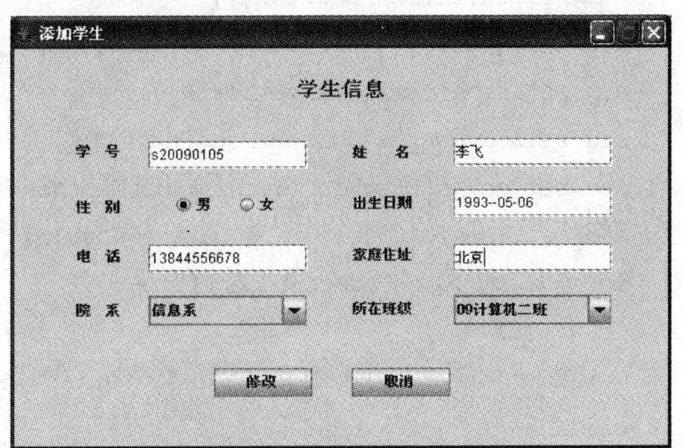

图 4.7　修改窗口

（3）编写修改方法 updateStudent(Student stu)。

```
public static int updateStudent (Student stu) {
      Connection conn = null;
      PreparedStatement pstmt = null;
      int flag = 0;
```

```
        try {
        conn = BaseDao.getConnection();
        String sql = "update Student set stuId = ?, stuName = ?, sex = ?, birthday = ?, phone = ?, address = ?, deptId ?, classId = ? where StuId = ?";
        pstmt = conn.prepareStatement(sql);
        pstmt.setString(1, stu.getStuId());
        pstmt.setString(2, stu.getStuName())
        pstmt.setString(3, stu.getSex())
        pstmt.setString(4, stu.getBirthday());
        pstmt.setString(5, stu.getPhone())
        pstmt.setString(6, stu.getAddress())
        pstmt.setString(7, stu.getDeptId());
        pstmt.setString(8, stu.getClassId());
        flag = pstmt.executeUpdate();
        } catch (SQLException se) {
            se.printStackTrace();
        } finally {
            BaseDao.closeConnection(conn);
        }
        return flag;
}
```

(4) 处理修改窗口的“修改”按钮的单击事件，获取界面上的值，构建对象，调用修改方法。

```
Student stu = new Student();
stu.setStuId(txtSno.getText());
stu.setStuName(txtName.getText());
stu.setSex(txtSex.getText());
stu.setBirthday(txtBirthday.getText());
stu.setPhone(txtPhone.getText());
stu.setAddress(txtAddress.getText());
stu.setDeptId(DeptDao.getDeptIdbyDeptName(cmbDept.getSelectedItem().toSting()));
stu.setClassId(ClassDao.getClassIdbyClassName (cmbClass.getSelectedItem().toString()));
int num = StuDao.UpdateStudent(stu);
if(num > 0)
    JOptionPane.showMessageDialog(null, "修改成功", "Message", 1);
else
    JOptionPane.showMessageDialog(null, "修改失败", "Message", 1);
```

·课后练习题 4·

一、判断题

1. JDBC 是 Java Data Base Connectivity 的简称，指 Java 同许多数据库之间连接的一种标准。 （　　）

2. DriverManager 类是 JDBC 的管理层，它提供了管理 JDBC 驱动程序所需要的基本服务。（　）

3. Statement 对象代表与数据库的连接。（　）

4. ResultSet 接口用于获取执行 SQL 语句返回的结果。（　）

二、选择题

1. JDBC 的作用不包括（　）。

A. 与一个数据库建立连接　　B. 向数据库发送 SQL 语句

C. 处理数据库返回结果　　D. 创建数据库

2. JDBC 应用程序接口不包括（　）。

A. DriverManager　　B. Connection　　C. Exception　　D. Statement

三、问答题

1. JDBC 的驱动有几种类型？

2. 利用 JDBC 开发数据库的一般步骤是什么？

项目 5　完善学生管理系统的数据展示

前面实现了学生信息的增、删、改、查等基本操作，本项目是对系统进行功能完善，用表格和树展示查询信息。最后当开发的功能完成后，打包学生管理系统，以方便使用。

任务 1　用表格组件 JTable 展示全部学生信息

5.1.1　知识准备：JTable 组件、建立 JTable 表格

1. JTable 组件

JTable 是 Swing 中的表格类，提供以表格形式显示数据的方式。表格方式可以方便地维护大量数据，尤其适合显示数据库记录。只要数据是以列和行的形式存放，就可以用表来维护。在某些计算机应用程序中，需要在表中显示数据，并且允许用户对其进行编辑。

JTable 类可用于表示表，以及创建表。但是，JTable 不包含数据，也不存储数据，它只提供数据的呈现方式。一个表格主要有两项，表格字段和表格内容。建立一个 JTable 表格，内容由二维数组提供，字段名由一维数组提供。

JTable 有 7 个默认构造方法，最常用的一个构造方法是：

```
JTable(Object[][] rowdata,Object[] columnName)
```

其中，二维对象数组 rowdata 指定表格的内容，一维对象数组指定表格的列的名称。

用 JTable 类显示数据库中数据时，可能出现表格的内容超出框架的尺寸，因此 JTable 经常配合使用滚动面板。滚动面板 JScrollPane 与普通面板 JPanel 类都是 Swing 容器，只是显示内容大于面板尺寸时，滚动面板将自动提供水平和垂直的滚动条供用户使用。

把需要显示的组件加入到滚动面板的方法是用显示组件作为参数，直接构造一个滚动面板对象。语法格式如下：

```
public JScrollPane(Component view);
```

代码示例：

```
JTable mt = new JTable();
JScrollPane ap = new JScrollPane(mt);
getContentPane().add(ap);
```

2. 建立 JTable 表格

（1）创建一个名称为 TableTest 的工程，方法为选择菜单 File→New→Project→Java Project。

（2）创建可视类的显示数据窗体，设置类名为 TableFrame。

（3）切换到设计视图，选择内容面板，选择工具面板中的 JTable on JScrollPane，并将其拖放到框架中。

（4）此时创建的是一个空表，要添加行和列，需要创建二维对象数组包含表格内容，创建字符串数组表示表格字段，即需要添加代码设置表头和表的内容。

（5）定义 JTable 所需的数组。

```
Object[][] data = {{"s20080001","郭峰","计算机一班"},{"s20080002","王丽","计算机一班"},
{"s20080003","李娟","计算机二班"}};
    String[] names = {"学号","姓名","班级"};
```

其中，一维字符串数组 names 可用于标记表的列（表头），二维数组对象 data 的值将用于填充为表格内容。

（6）修改 getJTable1()方法，带参数初始化 JTable 实例。

```
private JTable getJTable1() {
    if (jTable1 == null)
    {
        jTable1 = new JTable(cells,colnames);
    }
    return jTable1;
}
```

此时，将显示如图 5.1 所示的表格。

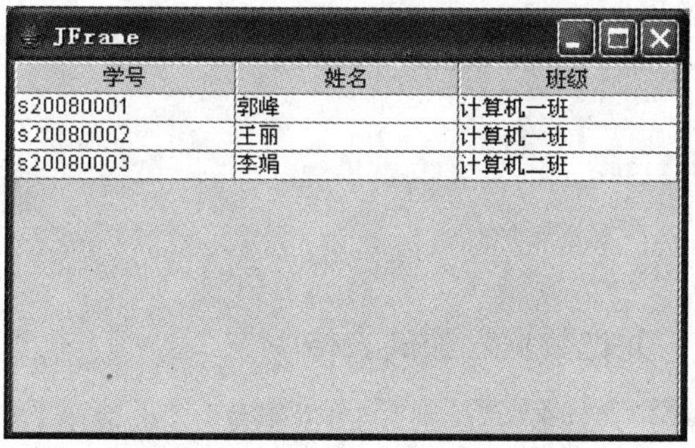

JFrame

学号	姓名	班级
s20080001	郭峰	计算机一班
s20080002	王丽	计算机一班
s20080003	李娟	计算机二班

图 5.1　JTable 表格

5.1.2　工作过程

（1）创建 JFrame 窗体，选择 JTable on JScrollPane 添加到窗体中。

（2）编写 StuDao 类中查询全部学生的方法 getAllStudent()，返回 List 类型的集合，集合中存放的是用结果集的数据构造的多个学生对象。

```
public static List getAllStudents()
    {
        List list = new ArrayList();
        Connection conn = null;
        PreparedStatement pstmt = null;
        ResultSet rs = null;
        try {
            String sql = "select * from Student ";
            conn = BaseDao.getConnection();
            pstmt = conn.prepareStatement(sql);
            rs = pstmt.executeQuery();
            while(rs.next())
            {
                Student stu = new Student();
                stu.setStuId(rs.getString("StuId"));
                stu.setStuName(rs.getString("StuName"));
                stu.setStuSex(rs.getString("StuSex"));
                stu.setBirthday(rs.getDate("Birthday"));
                stu.setPhone(rs.getString("Phone"));
                stu.setAddress(rs.getString("Address"));
                stu.setDeptId(rs.getString("DeptId"));
                stu.setClassId(rs.getString("ClassId"));
                list.add(stu);
            }
        } catch (SQLException se) {
            se.printStackTrace();
        } finally {
            BaseDao.closeConnection(conn);
        }
        return list;
    }
}
```

（3）集合转化为数组，并把数据添加到表格中。

```
String[] name = {"学号","姓名","性别","出生年月", "电话", "家庭住址", "所属院系", "所在班级" };
DefaultTableModel DTM = new DefaultTableModel(name, 0);
JTable table = new JTable(DTM);
List list = StuDao. getAllStudents();
for(int i = 0; i < list.size(); i++)
{
    Student stu = (Student)list.get(i);
    String row[] = { stu.getStuId(), stu.getStuName(), stu.getSex(), stu.getBirthday(),
```

```
stu.getPhone(), stu.getAddress(), stu.getDeptId(), stu.getClassId() };
        DTM.addRow(row);//添加一行到表格中
}
```

(4) 实现菜单“学生信息管理”下的“查询学生信息”的事件处理，编写代码用 JTable 表格显示全部学生信息，结果如图 5.2 所示。

学生信息查询

学号	姓名	性别	出生年月	电话	家庭住址	所属院系	所在班级
s20080001	郭峰	男	1993-10-12	133456789...	北京	信息系	09计算机一班
s20080002	王丽	女	1994-06-07	139345677...	天津	信息系	09计算机一班
s20080003	李娟	女	1992-11-01	186045679...	上海	信息系	09计算机二班

图 5.2　显示学生信息

任务 2　用树形结构组件 JTree 显示数据

5.2.1　知识准备：JTree 组件及示例

1. JTree 组件

JTree 是树结构组件，提供使用树形结构分层显示数据的视图。使用过 Windows 资源管理器或文件管理器的计算机用户都知道如何用树状结构来描述文件和文件夹。该结构以树的分支形式逐层显示文件和文件夹，图 5.3 就是常见的资源管理器的树形结构。

图 5.3　资源管理器的树形结构

使用 JTree 类可以在 Java 中创建相似的结构。它以层次结构图显示数据。JTree 对象实际上不包含数据，它只提供呈现数据的方式。JTree 垂直地显示其数据。树中最基本的对象是节点，树层次结构中的每一行称为一个节点。每个树都有一个根节点，由这个根节点将延伸出所有节点。通过单击节点左边的加号“+”或减号“−”可展开或折叠枝节点。

节点包含根节点、枝节点和叶节点这三种类型。在层次结构中，枝节点上下都包含节点，而叶节点下不包含任何节点。例如，我们需要用层次结构来表示驱动器中的文件夹和文件，则文件夹是枝节点，文件是叶节点，而驱动器是根节点。每个节点都关联着描述该节点的文本标签和图像图标，文本标签是节点的字符串表示，图像图标指明该节点是否是叶节点。

创建树必须先创建节点，Swing 中提供 DefaultMutableTreeNode 类对象作为节点，常用以下的方法创建节点：

```
DefaultMutableTreeNode node = new DefaultMutableTreeNode(Object ob)
```

创建树的节点之后，可以使用 add()方法添加其他节点作为该节点的子节点。节点创建和连接完毕之后，需要使用 JTree 类的构造函数创建根节点是 root 的树，具体方法：

```
JTree tree = new JTreee(root);
```

（1）JTree 的构造方法有：

①JTree(Hashtable ht)。

②JTree(Object obj[])。

③JTree(TreeNode tn)。

④JTree(Vector v)。

第三个构造方法接收一个 TreeNode 对象。该对象本身可以是 JTree 组件，也可以是 DefaultMutableTreeNode 类的对象。DefaultMutableTreeNode 对象提供 TreeNode 对象的默认实现。如果用户自定义树结构，可以使用 DefaultMutableTreeNode 对象来实现。

（2）JTree 的常用方法有：

①addTreeSelectionListener(TreeSelectionListener tr)：注册选择事件监听器。

②getLastSelectedPathComponent()：获取树中被选中的节点。

③getUserObject()：获得与节点相关的信息。

④isRoot()：判断所选节点是否为根节点。

⑤isLeaf()：判断所选节点是否为叶节点。

⑥getChildCount()：显示当前选定节点下的子节点的个数。

2. JFree 示例

（1）创建一个名为 TreeTest 的工程。

（2）创建窗体类 TreeFrame。

（3）选择内容面板 contentPane，设置 layout 为 null。

（4）在工具面板上选择 JTree，然后在 contentPane 上拖选出一个 JTree。JTree 默认节点将显示在框架上，如图 5.4 所示。

（5）修改 getJTree1()方法，添加代码：

```
private JTree getJTree1() {
        if (jTree1 == null) {
                DefaultMutableTreeNode root = new DefaultMutableTreeNode("书籍");//创建根节点
                DefaultMutableTreeNode parent1 = new DefaultMutableTreeNode("程序设计");
                //创建枝节点
                DefaultMutableTreeNode child = new DefaultMutableTreeNode("Java 语言");//创建叶节点
                parent.add(child); //将叶节点添加至枝节点
                root.add(parent); //将枝节点添加至根节点
                jTree1 = new JTree(root); //创建树
                jTree1.setBounds(new Rectangle(0, 0, 300, 200));//设树的位置和大小
        }
        return jTree1;
}
```

（6）JTree 组件的运行结果如图 5.5 所示。

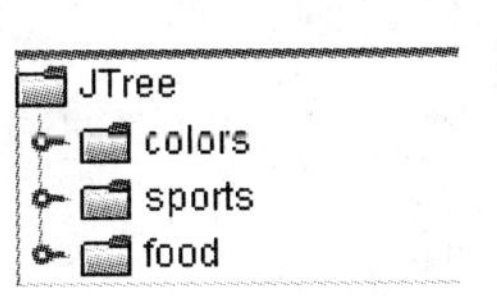

图 5.4　JTree 默认节点

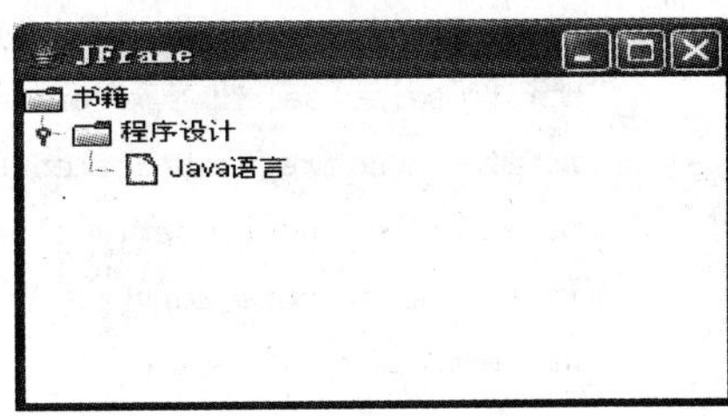

图 5.5　JTree 运行结果

5.2.2　工作过程

（1）设计用户统计窗体类，左侧用 JTree 显示用户类型，右侧用 JTable 显示选择用户类型的用户信息，下方显示某一用户类型的用户人数。

（2）新建用户统计的窗体类 TjUsers，设置内容面板的 layout 为 null。

（3）在工具箱中选择 JTree，拖选一个 JTree 到 contentPane。

（4）添加一个 JTree 后，切换到代码视图，编写这个树的节点代码。

```
DefaultMutableTreeNode t = new DefaultMutableTreeNode("用户统计", true);
DefaultMutableTreeNode tj = new DefaultMutableTreeNode("按用户类型详细统计");
t.add(tj);
DefaultMutableTreeNode t1 = new DefaultMutableTreeNode("管理员");
DefaultMutableTreeNode t2 = new DefaultMutableTreeNode("教师");
DefaultMutableTreeNode t3 = new DefaultMutableTreeNode("学生");
DefaultMutableTreeNode t4 = new DefaultMutableTreeNode("全部");
tj.add(t1);
tj.add(t2);
tj.add(t3);
tj.add(t4);
jTree = new JTree(t);
```

```
        jTree.setBounds(new Rectangle(4, 33, 182, 237));
        jTree.setForeground(SystemColor.activeCaption);
        jTree.setBackground(new Color(129, 185, 241));
        jTree.setShowsRootHandles(true);
```

（5）再给界面中加入所需的 JTable、JLabel 和 JTextField 组件。

（6）在 UserDao 类中，添加查询用户的方法 getUsersbyUserType()，功能是得到某一类型的用户信息。

```
public static List getUsersbyUserType(String userType)
{
     List list = new ArrayList();
     Connection conn = null;
     PreparedStatement pstmt = null;
     ResultSet rs = null;
     try {
          conn = BaseDao.getConnection();
          String sql = "select * from UserInfo where userType = ?";
          pstmt = conn.prepareStatement(sql);
          pstmt.setString(1,userType);
          rs = pstmt.executeQuery();
          while(rs.next())
          {
              UserInfo user = new UserInfo(rs.getString(1),rs.getString(2),rs.getString(3));
              list.add(user);
          }
     } catch (SQLException se) {
          se.printStackTrace();
     } finally {
          BaseDao.closeConnection(conn);
     }
     return list;
}
```

（7）处理 JTree 的 TreeSelectionEvent 事件，重写 valueChanged 的方法，以对节点的选择做出响应。在设计视图单击 JTree，然后在右键菜单中选择 Events，选择 valueChanged 事件。在 valueChanged 事件处理方法中，用到了 JTree 的 getLastSelectedPathComponent() 方法和 getUserObject() 方法。JTable 用于展示用户信息，用法与前相同。JTree 代码如下：

```
jTree.addTreeSelectionListener(new TreeSelectionListener() {
public void valueChanged(TreeSelectionEvent e)
{
      try
      {
```

```
        DefaultMutableTreeNode node =(DefaultMutableTreeNode) jTree. getLastSelectedPathComponent();
        String names = "";
        Object nodeinfo = node. getUserObject(); //单击的节点名字
        if(nodeinfo. toString() = =“管理员”) {
                //查询管理员信息
                //用 JTable 展示管理员信息
                //显示管理员人数
        }
        if(nodeinfo. toString() = =“教师”)
        {
                //查询教师信息
                //用 JTable 展示教师信息
                //显示教师人数
        }
        if(nodeinfo. toString() = =“学生”)
        {
                //查询学生信息
                //用 JTable 展示学生信息
                //显示学生人数
        }
        if(nodeinfo. toString() = =“全部”)
        {
                //查询全部用户
                //用 JTable 展示全部用户信息
                //显示总人数
        }
  }
  catch(Exception exception) {
        e. printStackTrace();
  }
} }
```

(8) 在“系统管理”菜单下为“用户信息列表”添加 Action 事件处理，创建用户统计窗口。

```
userList. addActionListener(new ActionListener() {
        public void actionPerformed(ActionEvent e)
        {
            new TjUsers();
        }
});
```

(9) 运行程序，单击“用户信息列表”，显示结果如图 5.6 所示。

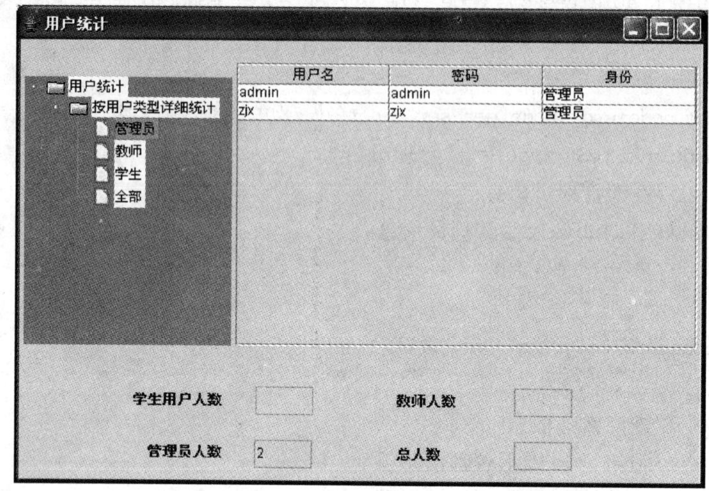

图 5.6 JTree 显示用户信息

任务 3 打包发布学生管理系统

5.3.1 知识准备：JAR 文件、在 MyEclipse 中打包 JAR

1. JAR 文件

当开发完毕后，所进入的是产品发布阶段，应该将项目打包为 JAR 文件。JAR 是 JavaTM Archive (JAR) file 的缩写，其含义是 Java 存档文件，类似于常见的 ZIP 文件、RAR 文件。它的作用就是压缩，将原先零散的东西放到一起，重新组织，方便使用。我们所要压缩的主要是 class 文件，还有辅助的资源（这其中可能有图片，JSP 文件，html 文件等）。

JAR 文件格式以流行的 ZIP 文件格式为基础，用于将许多个文件聚集为一个文件。与 ZIP 文件不同的是，JAR 文件不仅用于压缩和发布，而且还用于部署和封装库、组件和插件程序，并可被像编译器和 JVM 这样的工具直接使用。在 JAR 中包含特殊的文件，如 manifests 和部署描述符，用来指示工具如何处理特定的 JAR。

2. 在 MyEclilpse 中打包 JAR

(1) 在 MyEclipse 的 Package Explorer 视图中，选择需要打包的程序工程名称，然后单击菜单命令“File→Export”。

(2) 在出现 Export 对话框中选择“JAVA→JAR File”，单击【Next】按钮。

(3) 单击【Browse】按钮，选择 JAR 文件的位置和文件名，单击【Next】按钮。

(4) 选择一个含 main 主函数的入口程序。

5.3.2 工作过程

现在，我们要打包发布开发的学生管理系统 StudentManager，主要步骤有：

(1) 选择项目 StudentManager，右击选择 Export，在弹出的 Export 对话框中，选择 Java 选项下的“JAR file”，如图 5.7 所示。

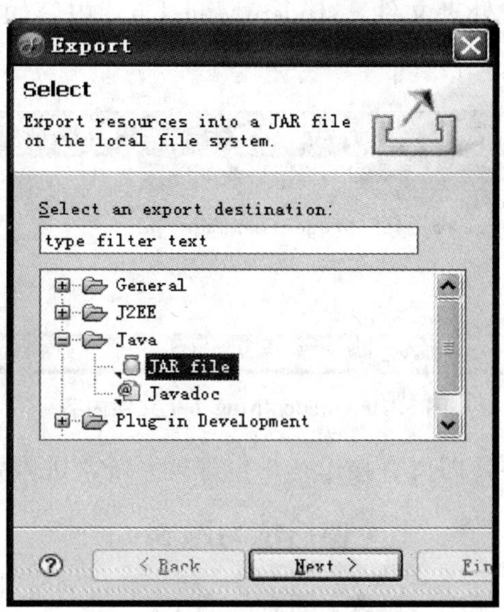

图 5.7　Export 对话框

(2) 在 JAR Export 对话框中，单击【Browse】按钮，选择存放位置，输入压缩文件名，如 d:\StudentManager\StudentManager.jar，如图 5.8 所示。

(3) 单击 Next 按钮，然后单击 Main class 处的【Browse】按钮，选择程序入口的类，如登录界面类 LoginFrame，如图 5.9 所示，然后单击【Finish】按钮，这样就生成了 JAR 文件。

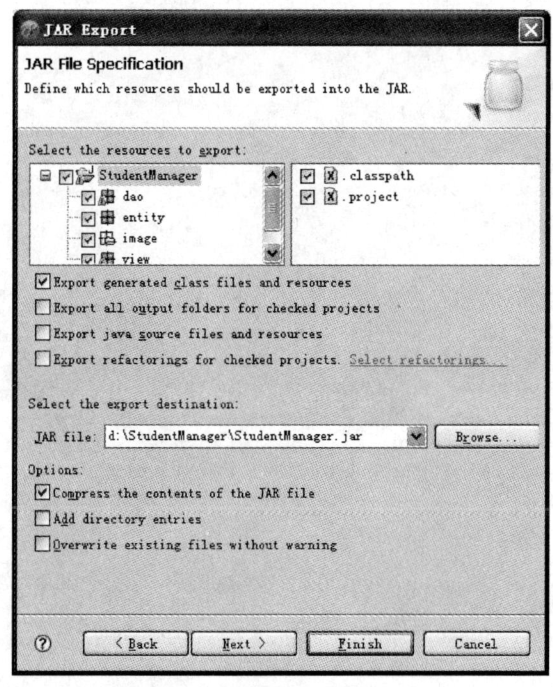

图 5.8　选择文件位置和名称

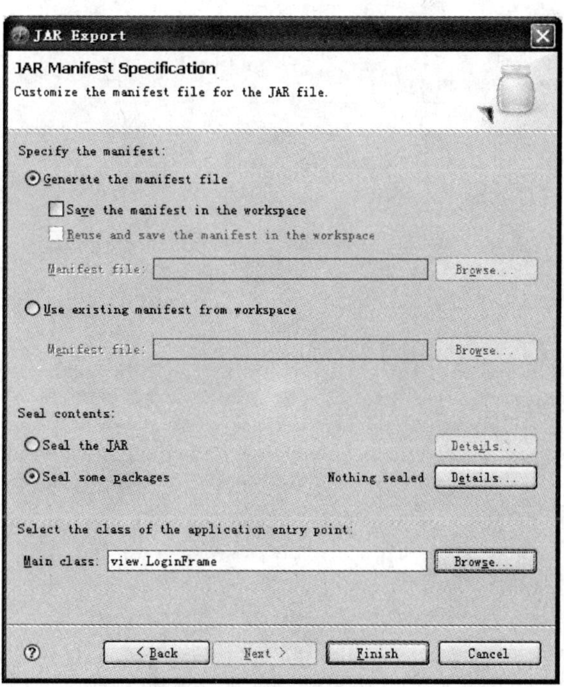

图 5.9　选择 Main Class

（4）用记事本编写该批处理文件：studentMng. bat，内容如图 5. 10 所示。这样打包工作就完成了。

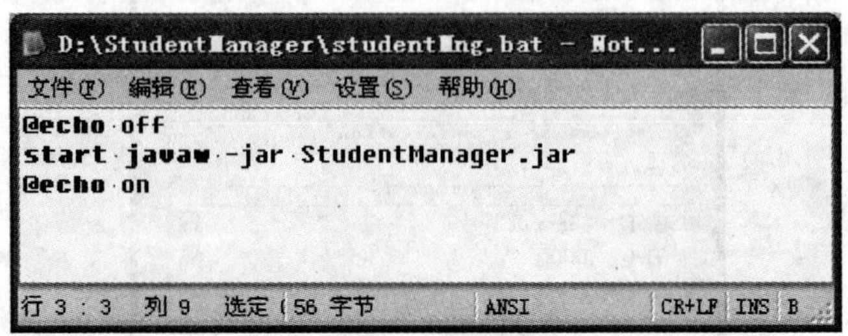

图 5. 10　studentMng. bat 文件内容

（5）单击该批处理文件，即可直接运行学生管理系统，进入登录界面。

· 课后练习题 5 ·

实现员工信息的添加、删除、修改、查询和展示。

第 2 篇　深入学习 Java 程序设计

项目 6　学习 Java 基本语法

Java 作为一门高级程序设计语言同所有的语言一样，有其自身的词汇和语法结构，要学习 Java，就先从它的基本数据类型、运算符和流程控制语句开始。

任务 1　输出员工信息（数据类型）

任务：

输出某公司工资最高的员工信息。

技能目标：

- 掌握常用数据类型
- 理解常量和变量

任务分析：

某公司工资最高的员工信息：姓名“李丽”，性别“女”，年龄“40 岁”，婚否“是”，工资“3 565.85 元”。要输出该员工信息，首先要为每一个数据找到合适的数据类型。将姓名、性别定义为字符串类型，年龄定义为整型，婚否定义为布尔型，工资定义为双精度型。

“李丽”、“40”、“3565.85”等数据，虽然类型不同，但是在本任务中都是恒定不变的值，因此它们有一个共同的名字叫常量。

公司里每个员工的工资并不是一成不变的，李丽不可能一直都是该公司工资最高的人。因此，使用变量来存储工资最高的员工的相关信息，如用 name 存放“李丽”，age 存放 40 等。当员工信息发生变化时，只需要修改变量的值即可。

实现代码 6.1：

```
public class StaffInfo {
public static void main(String[ ] args) {
      String name = "李丽";                                    //姓名,字符串变量
      char sex = '女';                                         //性别,字符变量
      int age = 40;                                            //年龄,整型变量
      boolean marital = true;                                  //婚否,布尔型变量
      double wage = 3565.85;                                   //工资,实型变量
      System.out.println(" ** 本公司工资最高的员工 ** "); //从控制台输出信息
```

```
            System.out.println("姓名: " + name);
            System.out.println("性别: " + sex);
            System.out.println("年龄: " + age + "岁");
            System.out.println("婚否: " + marital);
            System.out.println("工资: " + wage + "元");
        }
    }
```

保存程序为 StaffInfo.java，编译运行后，程序运行结果如下：

```
** 本公司工资最高的员工 **
姓名:李丽
性别:女
年龄:40 岁
婚否:true
工资:3565.85 元
```

知识点：

（1）数据类型。

Java 语言定义了许多数据类型来与现实世界中的数据相匹配，只要掌握了它们，就可以轻松地根据需要找到合适的数据类型了。表 6.1 列出了 Java 常用数据类型。

表 6.1　Java 常用数据类型

数据类型	说　明	举　　例
int	整型	存储整数，如数量、年龄
double	双精度实型	存储实数，如成绩、价格、工资
boolean	布尔型	存储逻辑值，如婚否用 true 表示“是”、用 false 表示“否”
char	字符型	存储单个字符，如性别
String	字符串型	存储一个字符串，如姓名、厂家名称、产品名称、品牌

（2）常量。

常量因其数据类型不同有不同的表示方法。

①整型常量即整数，可以有三种十进制、八进制、十六进制。

- 十进制整数：只包含数码 0～9，如 32，40，−1 等。
- 八进制整数：必须以数字 0 开头，只包含数码 0～7，如 016、0255 等。
- 十六进制整数：必须以 0X 或 0x 开头，包含 0～9、A～F 或 a～f，如 0XD、0x19a 等。

②实型常量又称为浮点型常量，即实数，是带有小数点的数据类型，它们大大提高了计算的准确度。默认浮点数都按双精度 double 型处理，占用存储空间为 8 个字节。实数只采用十进制形式，有两种表示方法：十进制小数形式和指数形式。

- 十进制小数形式：由数码 0～9 和小数点（必须有）组成，如 3.5、3565.85 等。
- 指数形式：如 3.2E5（等于 $3.2*10^5$）、8.3E−2（等于 $8.3*10^{-2}$）。

③字符型常量是用单引号括起来的一个字符，如‘p’、‘女’。此外还有一些控制字符是不能直接显示的，需要通过转义字符来表示，如表 6.2 所示。

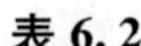

表 6.2　　　　常用转义字符及其功能

转义字符	功　能	转义字符	功　能
\r	表示接受键盘输入，作用等同于回车键	\n	换行
\b	退格，作用等同于 Back Space 键	\f	换页
\t	水平制表，作用等同于 table 键	\'	单引号
\ddd	1～3 位八进制数所代表的字符	\"	双引号
\xhh	1～2 位十六进制数所代表的字符	\\	一个斜杠“\”

例如：

```
System.out.println('\"');     //输出单引号
```

④字符串常量是用双引号引起来的字符序列，可包含 0 个或者多个字符，如 student。

⑤布尔型常量。此类常量只有“true”和“false”两种，分别表示“真”和“假”两种状态。

（3）变量。

变量代表的是内存中的一块空间，可以存放各种类型的数据，并且空间里存放的数据是可以改变的。使用变量时首先找到这块空间，空间地址很难记忆，可以用变量名来代替。

①变量的声明与赋值。不同的数据类型对所需空间的要求是不同的，变量声明其实就是要根据数据类型为数据在内存中分配一块合适的空间。因此，变量在使用之前必须先声明，并且在声明的同时指出其数据类型。格式如下：

```
类型名　变量名;
变量名 = 值;
```

也可以在声明的同时给变量赋初值，定义形式为：

```
类型名　变量名 = 变量值;
```

例如：实现代码 6.1 中第 3～7 行。

②变量的命名规则。

- 变量名的长度没有限制，但是变量必须以字母、下划线“ _ ”或者“＄”符开头。
- 变量可以包括数字，但不能以数字开头。
- 除了“ _ ”或者“＄”之外，变量名不能包含任何特殊字符。
- 不能使用 Java 的关键字。关键字就是一些具有特殊意义和用途的单词，如 char、int、class、public、double 等。

除此之外，Java 语言本身区分大小写，因此 name 和 Name 是两个不同的变量。通常变量名单词的首字母小写，其后单词的首字母大写，如 nameOfStaff、nameOfBoss。

（4）数据类型转换。

不同类型的数据可以运算吗？一个整数和一个实数可以相加吗？运算的结果又是什么类型呢？可以，但是必须要转换数据类型。

①自动类型转换。自动类型转换需要满足以下两个条件：

- 转换之前和转换之后的两种类型要兼容。
- 转换后的要比转换前的数据类型的范围大。

例如：

```
1   public class AutoChange {
2       public static void main(String args[ ]) {
3           double num1 = 82.56;
4           int num2 = 2;
5           double sum;     //最终的平均分
6           sum = num1 + num2;
7           System.out.println("num1 + num2 = " + sum);
8       }
9   }
```

程序运行结果如下：

```
num1 + num2 = 84.56
```

第 6 行代码中，num1 是 double 型的，num2 是 int 型的，这两种类型是兼容的，并且 double 比 int 表示的范围大。运算时，num2 会自动转换为 double 型，再和 num1 相加，最终结果为 double 型。

②强制类型转换。如果将 AutoChange.java 中第 5 行代码改为 int sum，最后要得到一个整数，如何实现呢？前面已经分析过，（num1＋num2）得到的是 double 型的数据，要将其转换为 int 型，再赋给 sum。转换后的数据类型比转换前的数据类型的范围小，不符合自动类型转换的条件，就需要进行强制类型转换了。将第 5、6 行代码修改如下。

```
int sum;
sum = (int)(num1 + num2);
```

（int)（num1＋num2）能够把表达式 num1＋num2 转换成括号中的数据类型 int。

任务 2　计算学生成绩（运算符与表达式）

任务：

从键盘输入王竹同学语文、数学、英语课的成绩，计算该生这三门课程的平均分，要求平均分为整数。

技能目标：

- 掌握运算符与表达式的用法

任务分析：

首先从键盘获取王竹同学语文、数学、英语这三门课程的成绩，然后计算平均分。

实现代码 6.2：

```
import java.util.Scanner;                              //导入 Scanner
public class Judgment {
    public static void main(String[ ] args) {
        int avg = 0;                                   //平均分
        Scanner input = new Scanner(System.in);        //Java 输入的一种方法
        System.out.println("请输入王竹同学的语文成绩:");    //提示输入语文成绩
        int language = input.nextInt();        //将从键盘获得的值赋给语文成绩 language
```

```
            System.out.println("请输入王竹同学的数学成绩:");        //提示输入数学成绩
          int math = input.nextInt();          //将从键盘获得的值赋给数学成绩 math
            System.out.println("请输入王竹同学的英语成绩:");        //提示输入英语成绩
          int english = input.nextInt();          //将从键盘获得的值赋给成绩 english
            avg = (language + math + english)/3;                   //计算平均分
            System.out.println("王竹的平均分为" + avg);            //输出平均分
     }
 }
```

知识点：

1. Scanner 类

Java 为获取用户输入的数据提供了一个 Scanner 类，使用方法如下：

```
import java.util.Scanner;                //Scanner 类是一个系统类,导入之后就可以直接使用
```

在程序中还需要下面两行代码：

```
Scanner input = new Scanner(System.in);
int language = input.nextInt();          //将从键盘输入的内容赋给整型变量 language
```

2. 运算符

Java 的运算符，包括赋值运算符、算术运算符、关系运算符、逻辑运算符和条件运算符等。下面先来学习一下前三种运算符。

(1) 赋值运算符。赋值运算符“＝”只能是将等号右边表达式的值赋给等号左边的变量。例如：int a＝6。

(2) 算术运算符包括加（＋）、减（－）、乘（*）、除（/）、取余（%）、自增（＋＋）和自减（－－）等。注意，两整数相除的时候，运算结果取整，如 7/2 的值等于 3；如果操作数中有一个为实数，则结果保留小数，如 7.0/2 的值等于 3.5。由算术运算符构成的表达式为算术表达式。

自增运算符的用法如下：

```
a = i++; 等价于 a = i; i = i + 1;
a = ++i; 等价于 i = i + 1; a = i;
```

自减运算符用法同上，我们可以在课堂练习中来巩固一下它们的用法。

(3) 关系运算符。关系运算符有六个，＜、＜＝、＞、＞＝的优先级相同，高于＝＝和！＝，＝＝和！＝的优先级相同。由关系运算符构成的表达式为关系表达式。

例如：x＞y 就是一个关系表达式，关系运算符两边有两个操作数 x、y。

表 6.3　　关系运算符

运算符	含　义	举　例	运算符	含　义	举　例
＞	大于	x＝4，y＝6，x＞y 为 false	＜＝	小于等于	x＝4，y＝6，x＜＝y 为 true
＞＝	大于等于	x＝4，y＝6，x＞＝y 为 false	＝＝	等于	x＝4，y＝6，x＝＝y 为 false
＜	小于	x＝4，y＝6，x＜y 为 true	！＝	不等于	x＝4，y＝6，x！＝y 为 true

(4) 逻辑运算符。由逻辑运算符和操作数组成的表达式，要求操作数是布尔型，表达式

的结果也是布尔型。&&和||运算符都是二元操作符，! 是一元操作符，优先级高于前两个。由逻辑运算符构成的表达式为逻辑表达式。

例如：year % 4==0 && !(year % 100==0) || year % 400==0 是一个逻辑表达式。

表 6.4　　逻辑运算符

运算符	名　称	说　明
&&	与、并且	x&&y，只有 x 和 y 都为真，结果才为真
||	或、或者	x || y，只有 x 和 y 都为假，结果才为假
!	非	! x，x 为真结果是假，x 为假结果是真

(5) 条件运算符。条件运算符是唯一的三元运算符，其格式如下：

```
表达式 1?表达式 2:表达式 3
```

例如：

```
int x = 9, y = 1, z = 0;
int q = x > 8?y:z;
```

运算过程：首先计算表达式 1 “x>8”，如果值为 true，则 x>8? y : z 的值等于表达式 2 中 y 的值，否则该值等于表达式 3 中 z 的值。最后将 x>8? y : z 的值赋给变量 q。

3. 运算符的优先级

运算符的优先级如表 6.5 所示。

表 6.5　　运算符的优先级

运算符	说　明	优先级	运算符	说　明	优先级
[ ]、( )	括号内的先运算	1	>、>=、<、<=	关系运算符	5
++、--、!	一元操作符	2	==、!=	关系运算符	6
*、/、%	乘、除、取余	3	&&、||	逻辑运算符	7
+、-	加、减	4	=	赋值运算符	8

任务 3　制作电子万年历（条件语句）

任务：

制作一个万年历程序，根据用户的选择，在控制台显示出相应年月的日历信息。

任务分析：

日历的格式要求每一天都要与相应的星期对应起来。一个星期有 7 天，公元 1 年的 1 月 1 日是星期一，只要能计算出从那一天开始到某年某月某日的总天数，再除以 7 取余，就能知道这一天是星期几了。但是平年和闰年 2 月份的天数不一样，这一年的天数也是不一样的。因此，首先要能够判断某一年是不是闰年，然后再来计算某年之前的总天数，以及某年里某月之前的总天数。

本任务将通过两节的学习来完成，分为以下五个子任务来实现。

- 根据用户输入的年份判断该年是否是闰年。
- 根据用户输入的月份计算该月的天数。
- 计算输入的年份之前的总天数。

- 计算输入的月份之前的天数。
- 计算该月的第一天是星期几，然后输出日历。

本节通过学习分支语句来完成前两个子任务。

技能目标：

- 学会表达式的使用
- 掌握 if 条件语句、switch 语句的用法

6.3.1 if 条件语句

用户根据提示信息从键盘输入年份，按回车键后，输出该年是否为闰年。

任务分析：

闰年的条件是，能被 4 整除但不能被 100 整除，或者能被 400 整除的年份是闰年，写成代码 year % 4==0 && !(year % 100==0) || year % 400==0。

实现代码 6.3：

```
import java.util.Scanner;
public class Calendar1 {
    public static void main(String[] args) {
        System.out.println("********欢迎使用********");    //输出信息
        Scanner input = new Scanner(System.in);      //从键盘接收年份值,赋给 year
        System.out.print ("请选择年份: ");
        int year = input.nextInt();
        System.out.print("请选择月份: ");               //增加月份值的输入
        int month = input.nextInt();
        int days = 0;                                   //存储当月的天数
        boolean runNian;                                //存储是否是闰年
        //判断是否是闰年
        if (year % 4 == 0 && !(year % 100 == 0) || year % 400 == 0) {//闰年的条件
            runNian = true;                             //条件表达式为真,是闰年
            }
        else {
            runNian = false;                            //条件表达式为假,是平年
        }
        //根据 runNian 的值,输出
        if (runNian) {
            System.out.println(year + "年  闰年");
            }
        else {
            System.out.println(year + "年  平年");
        }
    }
}
```

保存程序为 Calendar1.java，编译运行后，程序运行结果如下。

```
********欢迎使用********
请选择年份:2010
2010 年　平年
```

知识点：

if 语句有三种格式。

（1）格式一。

```
if(条件表达式){
  语句;                    //条件表达式为真执行该语句,可以是一条或一组语句
}                          //若只有一条语句,则大括号可以省略
```

（2）格式二。

```
if(条件表达式){
    语句 1;                //条件表达式为真执行语句 1
}else {
    语句 2;                //条件表达式为假执行语句 2
}
```

（3）格式三。前两种格式的 if 语句一般都用于两个分支的情况。当有多个分支选择时，就要用到多重 if 条件语句。格式如下。

```
if(表达式 1){              //表达式 1 为真,执行语句 1,跳出 if 语句,否则判断表达式 2
    语句 1;
}else if(表达式 2){        //表达式 2 为真,执行语句 2,跳出 if 语句,否则判断表达式 3
    语句 2;
}   …
else if(表达式 n){
    语句 n;
}else {
    语句 n+1;              //如果表达式 1～n 都为假,执行语句 n+1,跳出 if 语句
}
```

6.3.2　switch 语句

实现根据用户输入的月份，计算出该月的天数。

任务分析：

每年都有 12 个月，但是每个月的天数不尽相同，而且在平年或者闰年里 2 月份的天数也不一样。此任务属于多分支情况。

实现代码 6.4：

在代码 6.3 第 25 行代码后加入如下代码。

```
26  /* 计算当月的天数 */
27              switch (month){
```

```
        case 1:                    //1、3、5、7、8、10、12 这 7 个月的天数相同
        case 3:
        case 5:
        case 7:
        case 8:
        case 10:
        case 12: day = 31; break;
        case 2:
            if (runNian) {         //2 月的天数因平年或是闰年而不同
                days = 29;
            } else {
                days = 28;
            }
            break;
        default:
            days = 30;
            break;
        }
        System.out.println(month + "月\t 共" + days + "天");
```

保存程序为 Calendar2.java，编译运行后，程序运行结果如下：

```
********欢迎使用********
请选择年份:2010
请选择月份:6
2010 年 平年
6 月        共 30 天
```

知识点：

switch 语句的一般格式：

```
switch ( 表达式 ){
    case 常量 1:
    语句 1;
    break;
......
default:
    语句 n;
    break;
}
```

注意：

- switch 后面括号中表达式的类型只能是整型或字符型。
- case 后面必须是一个整型或字符型常量，通常是一个具体的数字、字符，每个 case 后面的常量必须各不相同。

● break 表示停止，不再向下执行，跳出 switch 结构，通常每个 case 中都要写该语句。

● 如果表达式的值与所有 case 后的常量都不相同时，执行 default 后的语句。default 语句一般放在末尾，也可以不写。

● 各个 case 语句如果顺序上发生了变化，不会影响程序的结果。

分析下面这个例子：

```
public class Grade {
        public static void main(String[ ] args) {
            char grade = 'A';
            switch ( grade ) {
            case 'A' : System.out.println("及格");
            case 'B' : System.out.println("不及格");
            default: System.out.println("成绩输入错误");
            }
        }
}
```

程序运行结果如下：

```
及格
不及格
成绩输入错误
```

这个运行结果很显然与我们想要的结果不一样，为什么会得到这样的结果呢？由于本例的每个 case 语句中都没有写 break，因此“grade”遇到一个相等的值之后，不再继续和后面的常量进行比较，而是直接执行后面所有 case 中的语句。

switch 语句实际上就是一种多重 if 语句，那么它们之间的区别是什么呢？switch 结构的条件表达式只能是等值的判断，而后者可以判断的范围就很广，可以是等值，也可以是区间值。

任务 4　完善电子万年历（循环语句）

任务：

使用循环语句完成电子万年历的制作。

技能目标：

● 掌握三种循环结构的用法

步骤 1：计算输入的年份之前的总天数 totalDays。

输入的年份之前的总天数 totalDays，它应该等于公元 1 年到输入的年份前一年的所有年的天数之和，输出 totalDays。

实现代码 6.5：

在 6.3.2 中第 48 行代码后加入如下代码：

```
49        int totalDays = 0;                    //totalDays 输入年份之前的总天数
50        int i = 1;
```

```
        while (i < year) {                  //使用循环累加从公元 1 年到(year - 1)年的总天数
        if (i % 4 == 0 && !(i % 100 == 0) || i % 400 == 0) {       //判断是否为闰年
            totalDays = totalDays + 366;                           //闰年 366 天
            }
        else {
            totalDays = totalDays + 365;                           //平年 365 天
        }
        i++;
        }
        System.out.println(year + "年之前的总天数:" + totalDays + "天");
```

保存程序为 Calendar3. java，即可得到如下运行结果：

```
********欢迎使用********
请选择年份:2010
请选择月份:6
2010 年 平年
6 月        共 30 天
2010 年之前的总天数:733772 天
```

知识点：

循环就是重复地做一件事情，但是并不是无条件的，是在满足某种条件的时候去做某些操作，我们把这种条件叫做“循环条件”，这些操作叫做“循环操作”。Java 中有三种循环结构，while 循环、do-while 循环、for 循环。

首先来学习 while 循环，它的语法格式：

```
while(循环条件){
    循环操作;
    改变循环变量值;
}
```

符合条件的时候执行循环操作，不符合的时候就跳出循环体，停止执行循环操作。除此之外，还需要设置一个循环变量，其用法通过下例来说明：

```
    public class ShowInfo {
    public static void main(String[] args) {
        int i = 1;                              //循环变量 i 赋初值
        while(i <= 1000) {                      //循环条件 i <= 1000 成立,执行循环操作
            System.out.println("我爱 Java!");   //循环操作
            i++;                                //循环变量步进
        }
    }
}
```

每执行一次循环操作，循环变量都要改变，然后再去判断循环条件是否成立，来决定下一次循环是否执行。

思考一下，如果在 ShowInfo. java 中出现以下三种情况，能得到我们想要的结果吗？分析错误原因。

- 去掉第 6 行代码。
- 将循环条件改为 i<1000。
- 将循环条件改为 i>1000。

第一种情况由于循环变量不变，会出现死循环；第二种情况只输出 999 遍“我爱 Java!”，因为 i 的值变为 1000 的时候循环条件为假，不再执行；最后一种，i 初值为 1，永远不可能满足循环条件，所以没有任何输出。

步骤 2：功能进一步扩展，计算输入的月份之前的总天数 totalDays。

这里的 totalDays 包括两部分：输入的年份之前的天数，和该年里输入的月份之前的天数，本任务就用 do-while 循环语句来实现后一部分。

实现代码 6.6：

将第 26～46 行代码注释掉，并在第 58 行代码后加入如下代码：

```
59          int beforeDays = 0;                //year 年中 month 月前几个月的天数
60          i = 1;
61          do {                               //从 1 月到(month - 1)月的天数
62          switch (i) {
63          case 1:                            //1、3、5、7、8、10、12 这 7 个月的天数相同
64              case 3:
65              case 5:
66              case 7:
67              case 8:
68              case 10:
69              case 12:
70                  days = 31;
71                  break;
72              case 2:
73                  if (runNian) {             //2 月的天数因平年或是闰年而不同
74                      days = 29;
75                  }
76                  else {
77                      days = 28;
78                  }
79                  break;
80              default:
81                  days = 30;
82                  break;
83          }
84              if (i < month) {
85                  beforeDays = beforeDays + days;
86              }
```

```
87              i++;
88          }while (i<=month);
89          totalDays = totalDays + beforeDays;
90          System.out.println(year + "年" + month + "月之前的总天数:" + totalDays + "天");
91          System.out.println("当前月份的天数:" + days + "天");
```

保存程序为 Calendar4. java，即可得到如下所示的运行结果：

```
********欢迎使用********
请选择年份:2010
请选择月份:6
2010 年 平年
2010 年之前的总天数:733772 天
2010 年 6 月之前的总天数:733923 天
当前月份的天数:30 天
```

知识点：

do-while 循环语句的一般格式：

```
do {
    循环操作;
    改变循环变量值;
}while (循环条件);
```

除了语句格式上的区别，while 和 do-while 循环的区别就在于：前者先判断，后执行，如果不符合条件，一次都不执行循环操作；而后者是先执行，后判断，因此至少执行一次。

步骤 3：计算出该月的第一天是星期几，然后在相应的位置输出日历。

前面的功能都实现以后，就要根据 totalDays 计算出该月的第一天是星期几，然后在相应的位置输出日历。

每周有 7 天，分别用 1～6、0 这 7 个数字来对应，用（totalDays+1)%7 进行计算，余数是 1～6 中，则分别对应星期一至星期六；余数为 0 则是星期日，日历将从相对应的星期的位置开始输出。例如，2010 年 6 月 1 日是星期二。

实现代码 6.7：

在 6.6 中第 93 行代码后加入如下代码：

```
94  /*存储当月第一天是星期几:0 为星期日,1～6 为星期一～星期六*/
95          int firstOfMonth = (1 + totalDays ) % 7;
96          /* 输出日历'\t'是制表符,相当于 table 键 */
97          System.out.println("星期日\t 星期一\t 星期二\t 星期三\t 星期四\t 星期五\t 星期六");
98          for (int nulNum = 0; nulNum < firstOfMonth; nulNum ++ ){       //nulNum 空格数
99              //该月第一天之前要输出的空格数,如果是星期五,前面要输出 5 个空格
100              System.out.print("\t");                  //输出空格
101             }
102         for (int j = 1; j <= days; j ++ ) {            //在输完空格的位置上输出本月的日历
103             System.out.print(j + "\t");
```

```
            if ((totalDays + j) % 7 == 6) {          //如果当天为周六,输出换行
                System.out.println();
            }
        }
```

保存程序为 Calendar5. java，即可得到图 6. 1 所示的运行结果。

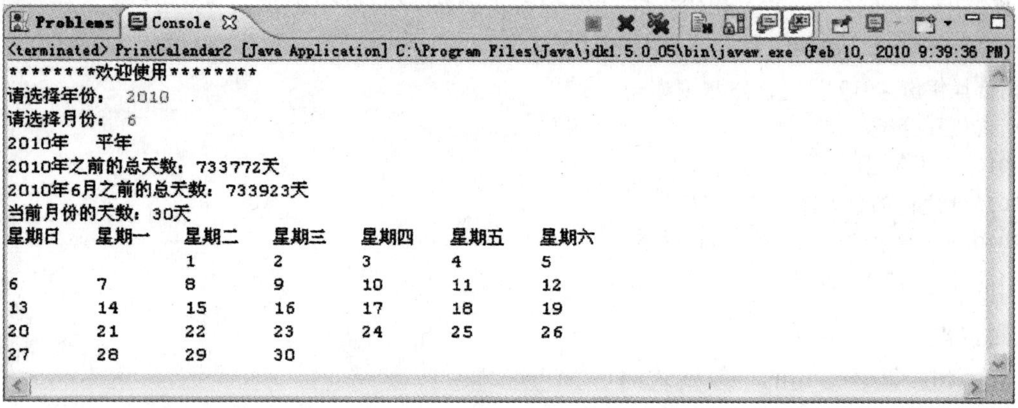

```
Problems  Console
<terminated> PrintCalendar2 [Java Application] C:\Program Files\Java\jdk1.5.0_05\bin\javaw.exe (Feb 10, 2010 9:39:36 PM)
********欢迎使用********
请选择年份: 2010
请选择月份: 6
2010年   平年
2010年之前的总天数: 733772天
2010年6月之前的总天数: 733923天
当前月份的天数: 30天
星期日  星期一  星期二  星期三  星期四  星期五  星期六
                1       2       3       4       5
6       7       8       9       10      11      12
13      14      15      16      17      18      19
20      21      22      23      24      25      26
27      28      29      30
```

图 6. 1　Calendar5. java 运行结果

知识点：

for 循环语句的一般格式：

```
for (循环变量赋初值; 循环条件; 改变循环变量值) {
        循环操作
}
```

注意： for 循环括号中除了分号，三个表达式都可以省略掉，语法上是完全正确的。但是缺少了循环条件、改变循环变量部分将出现死循环，逻辑上行不通。

三种循环结构除了语法格式不同之外，执行顺序不同。for 和 while 循环是先判断循环条件，如果条件为真才执行循环体，因此循环体有可能一次也不执行；而 do-while 循环则先执行循环体，然后再判断循环条件，因此循环体至少要执行一次。

相对于 while 循环和 do-while 循环，for 循环的结构更加清晰，语句更加简洁。因此在循环次数确定的情况之下，优先选择 for 循环。

任务 5　判定学生的优秀级别（break、continue 语句）

任务：

根据学生的成绩，判定其优秀等级。

技能目标：

- 掌握 break 和 continue 的用法

任务分析：

从键盘接收学生三门课的成绩，使用循环结构来统计 90 分以上的课程数目，并记录在变量 num 中，最后使用 switch 语句根据 num 的值进行等级的判定。如果某学生某门课的成

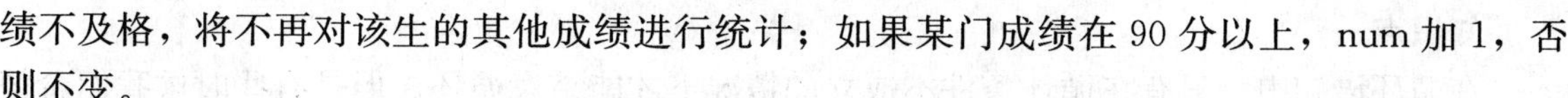

绩不及格，将不再对该生的其他成绩进行统计；如果某门成绩在 90 分以上，num 加 1，否则不变。

实现代码 6.8：

```
import java.util.Scanner;
public class CountGrade {
        public static void main(String[] args) {
                int score = 0;                              //学生成绩
                int num = 0;                                //90 分以上的科目数
                Scanner input = new Scanner(System.in);
                System.out.println("请输入各门成绩:");
            for (int i = 0; i < 3; i++) {                   //统计 90 分以上的科目数
                        score = input.nextInt();            //接收数据
                        if(score < 60) {                    //成绩<60 分
                            System.out.println("别泄气,加油!");
                            num = -1;                       //num 置为 -1
                            break;                          //结束循环
                        } else if (score < 90) {            //90 分以下的科目不计数
                            continue;                       //结束本次循环,不再执行循环体内下面的语句
                        } else {
                            num = num + 1; }                //成绩> 90,num 加 1
                }
                 switch (num) {                             //根据 num 值判定等级
                        case 1:
                            System.out.print("该生的优秀级别为: ☆");
                            break;
                        case 2:
                            System.out.print("该生的优秀级别为: ☆☆");
                            break;
                        case 3:
                            System.out.print("该生的优秀级别为: ☆☆☆");
                            break;
                        default:
                            break; }
        }
}
```

保存程序为 CountGrade.java，程序运行结果如下：

```
请输入各门课成绩:
96
75
56
别泄气,加油!
```

知识点：

在循环语句中，只有在循环条件不成立的情况下才能结束循环。但是有些时候我们希望在某种条件下，强行终止循环，更灵活地控制程序执行的方向。Java 语言为我们提供了 break 和 continue 语句，其中 break 我们在 switch 语句中多次使用过了。

这两个语句都可以跳出循环，不同之处在于：

● break 语句在三种循环语句中都可以出现，通常与 if 语句一起使用，它的作用是结束整个循环体，接着去执行循环体后面的语句；

● continue 语句只能用在循环结构中，它只能是终止本次循环，然后继续去执行下一次循环。

·课后练习题 6·

1. 请说明下面变量名是否合法，不合法的说明理由：

class　　@Num　　_NAME　　2sheep　　$ sex

2. 写出代码：定义一个 int 类型的变量 boyNum，并为其赋值。

3. 阅读以下程序，写出下面这段代码的运行结果。

```
int x = 3, y = 6;
System.out.println(x == 3);
System.out.println((x >= 3)&&(y < 6));
System.out.println((x < 3)||(y > 6));
```

4. 分析下面这段代码的运行结果。

```
int x = 6, x1 = 6;
int y = x++, y1 = ++x1;
System.out.println("x = " + x);
System.out.println("y = " + y);
System.out.println("x1 = " + x1);
System.out.println("y1 = " + y1);
```

5. 如果将任务中王竹同学的总分在 340 分以上，并且英语和数学在 90 分以上可以去旅游，请修改代码 6.2 判断该同学是否可以去旅游。

6. 要对学生的成绩进行一个等级的评定，成绩在 90 分以上（含 90），等级为“优秀”；80 分以上（含 80），等级为“良好”；70 分以上（含 70），等级为“中等”；60 分以上（含 60），等级为“及格”；60 分以下，等级为“差”。分别用 if 多分支语句和 switch 语句实现。

7. 阅读以下程序，思考 score 为 92 和 40 的时候，分别会输出什么？是否符合逻辑，应该如何修改。

```
if (score >= 90)
System.out.println(“你真棒!”);
System.out.println(“优秀”);
if (score < 90)
System.out.println(“加油!”);
```

8. 简述 switch 和多重 if 语句的异同。

9. 编程求 1000 以内能被 3 整除的数之和。

10. 用 do-while、for 循环分别实现 ShowInfo. java。

11. 电子万年历的完整代码。

12. 求 1～200 之间个位数字不是 3、5、6、7、9 的整数之和。

项目 7　使用数组与字符串

任务 1　斐波那契数列的输出（一维数组）

任务：

斐波那契（Fibonacci）数列源起中世纪意大利数学家 Fibonacci 在《算盘的书》中提出的一个问题：假定开始时有一对兔子在一个月后成熟，并且再过一个月开始每个月繁殖一对小兔子，假设兔子没有死亡，一对初生的兔子一年中可以繁殖多少对兔子呢？

技能目标：

- 掌握一维数组的声明和创建
- 学会对一维数组进行初始化以及访问数组元素
- 会使用一维数组解决实际问题

任务分析：

如果使用 Fibonacci(0),Fibonacci(1),…来表示每个月兔子的总数，那么可以得到：Fibonacci(0)=1,Fibonacci(1)=1,Fibonacci(2)=2,Fibonacci(3)=3,…由此可得到 Fibonacci 数列：1，1，2，3，5，8，13，21，34，…。从此数列中可以分析出从第三个月开始，每月的兔子总数等于前两月的兔子数量之和，即 Fibonacci(n)=Fibonacci(n-1)+Fibonacci(n-2)。

根据以上分析，可以使用一维数组来解决斐波那契数列的输出问题。

实现代码 7.1：

```
/** Fibonacci 数列前 20 项的输出 **/
public class ArrayFibonacci {
      public static void main(String args[]) {
            int Fibonacci[]; //声明一维数组
            int i;
            Fibonacci = new int[20]; //创建一维数组
            Fibonacci[0] = 1;
            Fibonacci[1] = 1;
            System.out.println("-------- Fibonacci 数列前 20 项的输出--------");
            //给数组元素赋值
```

```
            for (i = 2; i < Fibonacci.length; i++)
                Fibonacci[i] = Fibonacci[i - 1] + Fibonacci[i - 2];
            //输出数组元素
            for (i = 0; i < Fibonacci.length; i++) {
                System.out.print(Fibonacci[i] + "\t");
                if ((i+1) % 5 == 0)
                    System.out.println("");
            }
        }
    }
```

程序运行结果如图 7.1 所示。

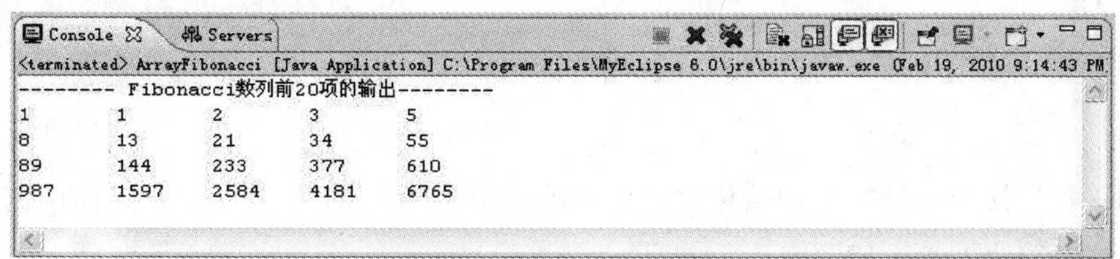

图 7.1　实现代码 7.1 运行结果

知识点：

（1）数组的概念。

数组是常用的数据结构，数组用于将相同类型的若干变量按照有序的方式组织起来，数组中每一个变量称为数组元素，数组分为一维数组和多维数组。

（2）一维数组的声明。

一维数组的声明有如下两种格式：

```
数据类型 数组名[ ];
```

或者

```
数据类型[ ] 数组名;
```

数组中元素的数据类型可以是 Java 中任何一种数据类型，可以是基本数据类型的，也可以是对象。数组名必须是一个合法的标识符，而“ []”即表示定义的是一个一维数组。

例如：

```
int a[ ];float[ ] b;
```

上例中声明了两个数组，一个数组元素类型为 int，一个类型为 float。

（3）一维数组的创建。

声明一维数组并没有给数组元素分配可用的内存空间，因此要想使用一维数组还必须给声明后的数组分配内存，即创建一个数组。数组创建使用 new 关键字，格式如下：

```
数组名 = new 数据类型[数组长度]
```

数据类型为声明时的元素类型，长度即数组元素的个数，数组的实例一旦被创建，其长度就不可以改变了，但我们可以使用 new 关键字生成新的数组实例。例如：

```
a = new int[20];
```

创建了一个长度为 20 的一维数组 a，数组元素类型为 int。当然创建数组的前提是此数组已经被声明，也可以同时进行一维数组的声明和创建。例如：

```
int a[] = new int[20];
```

（4）一维数组的初始化。

一维数组创建之后，系统会给数组中的每一个元素一个默认值，int 型的数组元素默认值为 0，我们也可以自行对数组元素进行初始化。例如：

```
int[] a = new int[5];
a[0] = 1;
```

也可以在一维数组被声明的同时，对其进行初始化。例如：

```
int a[] = {1,2,3,4,5};
```

使用这种方法对一维数组初始化时，元素的初值必须写在“{}”中，并使用逗号隔开。

（5）一维数组元素的访问。

通过一维数组的下标可以访问数组中的任意一个元素，如 a [0]、a [1] 等。下标的范围是从 0 开始到数组的长度减 1，也就是说如果数组的长度为 5，那么下标值就是从 0 到 4。

数组的下标在使用时会被检查，因此必须确保下标位于数组长度的边界之内。

（6）一维数组的长度。

本节任务的实现代码中，使用了 Fibonacci. length。数组在 Java 中作为 Array 类的实例，继承了 Array 类的属性和方法，在需要使用数组长度的场合，可以引用 Array 的 length 属性，使用 length 属性可以避免在程序中无意间超越数组的边界。

任务 2　矩阵的乘法（二维数组）

任务：

有一个 3×4 的矩阵和一个 4×3 的矩阵，请求解两矩阵的乘积。

技能目标：

- 掌握二维数组的声明和创建
- 掌握二维数组的使用方法
- 会使用二维数组解决实际问题

任务分析：

数学中的矩阵涉及行和列，要求解矩阵的乘积，首先要考虑相乘矩阵的存储方式。在 Java 中矩阵可以使用二维数组保存，二维数组可以看做是“数组的数组”，即二维数组的每一个元素是一个一维数组。因此我们可以将矩阵的每一行当成一个一维数组，若干行组成一个矩阵，即一个二维数组。根据矩阵的乘法规则 3×4 矩阵与 4×3 矩阵的乘积应该为一个 3×3矩阵，本任务需要使用到三个二维数组。

实现代码 7.2：

```
/** 矩阵的乘法 **/
public class MatricesMultiplication {
    public static void main(String args[ ]) {
        //创建二维数组并初始化
        int a[ ][ ] = { { 1, 2, 3, 4 }, { 5, 6, 7, 8 }, { 9, 10, 11, 12 } };
        int b[ ][ ] = { { 1, 2, 3 }, { 4, 5, 6 }, { 7, 8, 9 }, { 10, 11, 12 } };
        //创建存放结果矩阵的二维数组
        int c[ ][ ] = new int[3][3];
        int i, j, k;
        System.out.println("----- 矩阵的乘积-----");
        //三重循环求矩阵乘积
        for (i = 0; i < 3; i++ ) {
            for (j = 0; j < 3; j++ ) {
                c[i][j] = 0;
                for (k = 0; k < 4; k++ )
                    c[i][j] = c[i][j] + a[i][j] * b[i][j];
                System.out.print(c[i][j] + "\t");
            }
            System.out.println();
        }
    }
}
```

程序运行结果如图 7.2 所示。

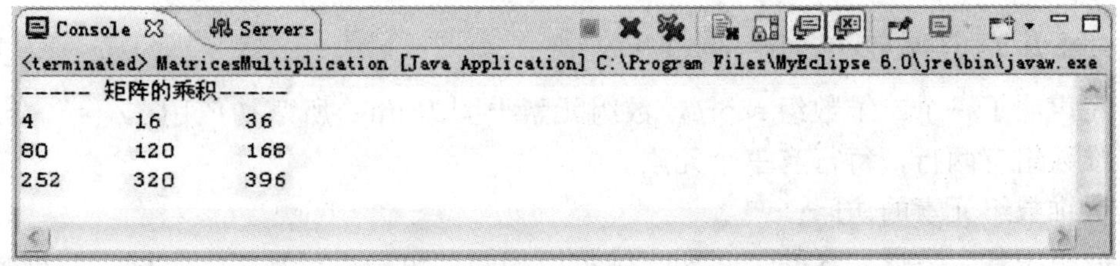

图 7.2　实现代码 7.2 运行结果

知识点：

(1) 多维数组。

Java 中将多维数组看做是数组元素也是数组的数组。一维数组只有一个下标，多维数组有多个下标，即多维数组的每个元素需要用两个或多个下标来描述。

二维数组是多维数组中最常用的数组，它可以代表多维数组的基本特征。事实上，我们在实际应用中很少会用到三维或更高维数的数组。二维数组是作为一个特殊的一维数组来处理的，其每个元素本身又是一个一维数组。

(2) 二维数组的声明。

二维数组的声明与一维数组类似，其格式如下所示：

```
数据类型 数组名[ ][ ];
```

或者

```
数据类型[ ][ ] 数组名;
```

与一维数组声明不同的是，需要给出两对“ []”。例如：

```
int a[][];
```

（3）二维数组的创建。

二维数组的创建要比一维数组复杂一些，但是其基本语法格式是一致的。

①创建规则的二维数组。我们常用的二维数组是矩形的，也就是数组每行的元素个数相同，其创建形式与一维数组基本相同。例如：

```
int ab[][];
ab = new int[3][4];
```

这样创建了一个 3×4 的二维数组，这是一个规则的二维数组。

②创建不规则的二维数组。有时也会用到每行元素个数不同的二维数组，即不规则的二维数组。例如：

```
int ab[][];
ab = new int[2][];
ab[0] = new int[1];
ab[1] = new int[2];
```

这样创建的二维数组 ab 不是一个规则的矩形，其每行的元素个数不同。

（4）二维数组的初始化。

可以在声明二维数组的同时，对其进行初始化。例如：

```
int score[ ][ ] = {{50,60,70},{80,90,100}} ;
```

该语句声明了一个二维数组 score，数组元素类型为 int。所赋初值用“ {}”分为两组，因此该二维数组有两行，每行有三个元素。

（5）二维数组元素的访问。

二维数组中各个数据元素的访问和一维数组相同，也是通过数组的下标。二维数组元素的确定需要两个下标，其行下标和列下标同样从 0 开始。例如，访问上面定义的二维数组 score 的第一个元素，就要使用变量名 score[0][0]。

（6）二维数组的长度。

二维数组的长度也是通过引用 Array 类的 length 属性得到的，但是要注意的是，由于二维数组被看做是“数组的数组”，也就是二维数组的每个元素又是一个一维数组，所以二维数组的长度其实是其本身的行数。对上面定义的二维数组 score 来说，score. length＝2。

任务 3　学生成绩排序（数组排序）

任务：

将 10 名学生的考试成绩进行从大到小的排序。

技能目标：

- 熟悉搜索、比较等数组的基本操作
- 了解数组排序的常用算法
- 学会使用 Arrays 类的 sort 方法进行数组排序

7.3.1　起泡排序

排序的方法很多，其中比较常见的一种就是起泡排序。

任务分析：

首先使用数组来保存学生的成绩，然后将学生成绩在数组中进行调整和排列，排序算法使用起泡排序法。

实现代码 7.3：

```
/**起泡排序**/
import java.util.*;
public class ArraySort1 {
        public static void main(String args[]) {
                float score[] = new float[10];
                int i, j;
                float temp;
                System.out.println("请输入 10 名学生的考试成绩:");
                Scanner in = new Scanner(System.in);
                //循环输入学生成绩
                for (i = 0; i < score.length; i++)
                        score[i] = in.nextFloat();
                //起泡排序法
                for (i = 0; i < score.length - 1; i++)
                        for (j = 0; j < score.length - 1 - i; j++)
                                if (score[j]< score[j + 1]) {
                                        temp = score[j];
                                        score[j] = score[j + 1];
                                        score[j + 1] = temp;
                                }
                System.out.println("------------- 学生成绩排序-------------");
                //循环输出排序后数组元素
                for (i = 0; i < score.length; i++) {
                        System.out.print(score[i] + "\t");
                        if ((i + 1) % 5 == 0)
```

```
                        System.out.println();
                }
        }
}
```

程序运行结果如图 7.3 所示。

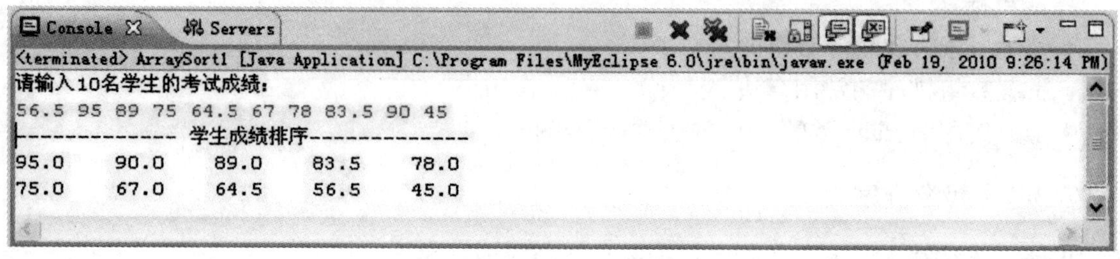

图 7.3　实现代码 7.3 运行结果

知识点:

(1) 排序常用算法。

排序是将数据元素的任意序列，重新排列成按某关键字有序的序列。由于排序通常是对具有相同性质或类型的一批数据进行的操作，因此数组是排序时经常使用的数据组织形式。

排序的算法有很多种，可分为插入排序、快速排序、选择排序、归并排序、计数排序等几大类。各种排序算法都有其各自的优缺点，适合在不同的情况下使用。

(2) 起泡排序的基本思路。

先将数组第 1 个元素和第 2 个元素进行比较，若发现逆序，则进行一次对调；接着再对第 2 个元素和第 3 个元素进行比较，若逆序，再交换，……如此一直进行到第 n－1 个元素和第 n 个元素。此时数组中最大（小）的一个元素已经“沉底”。然后进行第 2 趟的相邻元素两两比较，直到次大（小）的元素放到倒数第 2 个元素的位置上。如此循环往复，直到所有元素位置均正确不需要交换为止。

7.3.2　Arrays 类的 sort 方法

任务分析:

除了在程序代码中写出排序算法来对数组元素进行排列以外，我们也可以直接使用 Java 提供的 Aarrys 类中的 sort 方法对数组元素进行排序。

实现代码 7.4:

```
/** 使用 Arrays 类的 sort()方法 **/
import java.util.*;
public class ArraySort2 {
        public static void main(String args[]) {
                float score[] = new float[10];
                int i;
                System.out.println("请输入 10 名学生的考试成绩:");
```

```
8            Scanner in = new Scanner(System.in);
9            //循环输入学生成绩
10           for (i = 0; i < score.length; i++)
11               score[i] = in.nextFloat();
12           Arrays.sort(score); //使用 Arrays 类的 sort()方法排序
13           System.out.println("------------ 学生成绩排序------------");
14           //逆序输出排序后数组元素
15           for (i = score.length - 1; i >= 0; i--) {
16               System.out.print(score[i] + "\t");
17               if ((i + 1) % 6 == 0)
18                   System.out.println();
19           }
20       }
21   }
```

程序运行结果同图 7.3。

知识点：

1. Arrays 类

Arrays 是 java.util 包中预定义的一个类，因此在使用时需要用 import 说明将其导入到程序中。Arrays 类包含用来操作数组的各种方法，如排序和搜索。Arrays 类提供的常用方法有 sort()方法（排序）、binarySearch()方法（查询）等。

2. sort 方法

Arrays 类的 sort 方法是一个静态方法，它可以不创建 Arrays 类的实例而直接使用类名来调用 sort 方法，其一般的调用格式如下：

```
Arrays.sort(数组名)
```

使用 sort 方法对数组进行排序，避免了在程序中用代码实现复杂的排序算法，其实 sort 方法中使用的就是一个经过调优的快速排序算法。

但是需要注意的是，sort 方法是将数组中的元素按照升序进行排列，也就是从小到大的顺序进行排列。因此若需要将数组做从大到小的排列，可以在使用 sort 方法后，将数组元素进行逆序的输出（参见本小节实现代码 15～19 行）。

任务 4　判断回文字符串（字符串处理 String 类）

任务：

判断输入的一个字符串是否为回文字符串。回文字符串是指正读反读都一样的字符串，如 abcba。

技能目标：

- 掌握 String 类的常用方法
- 能够灵活运用 String 类提供的各种方法进行字符串的处理

任务分析：

首先，在判断之前设置标志变量 flag(boolean 型)，并赋初值为 true。然后从所输入字符串的最前面和最后面各取得一个字符 c1 和 c2，进行比较，若 c1 和 c2 不相同，则 flag＝flase，字符串肯定不是回文字符串；若相同继续取得字符串的第二个和倒数第二个字符比较，直到字符串的所有字符全部比较完毕，如果 flag 的值最后仍旧为 true，则所输入字符串为回文字符串。

实现代码 7.5：

```
/** 判断回文字符串 **/
import java.util.*;
public class StringJudge {
      public static void main(String args[]) {
            String s;
            char c1, c2;
            int i, l;
            boolean flag = true;
            System.out.println("请输入要判断的字符串:");
            Scanner in = new Scanner(System.in);
            s = in.next();
            l = s.length();
            //取对应位置字符进行比较
            for (i = 0; i < l / 2;) {
                  c1 = s.charAt(i);
                  c2 = s.charAt(l - i - 1);
                  if (c1 == c2)
                        i++;
                  else {
                        flag = false;
                        break;
                  }
            }
            System.out.println("----- 判断回文字符串-----");
            //根据 flag 的值进行判断
            if (flag == true)
                  System.out.print("所输入字符串是回文字符串");
            else
                  System.out.print("所输入字符串不是回文字符串");
      }
}
```

程序运行结果如图 7.4 所示。

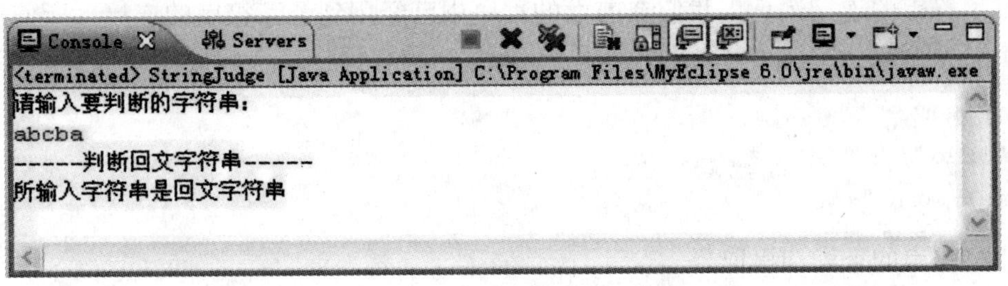

图 7.4 实现代码 7.5 运行结果

知识点：

（1）字符串对象。

字符串就是字符组成的序列，在程序中字符串几乎随处可见，例如我们前面在程序中从控制台输出的"请输入要判断的字符串："这句话本身就是一个字符串。在 Java 这种面向对象的语言中，字符串是一种对象，而不是一种基本数据类型。

字符串对象可以是用一对双引号括起来的一连串字符，如"Hello，world"、"1234"等，也可以使用 java. lang 包中的 String 类来创建。Java 程序中的所有字符串都作为 String 类的实例来实现。

需要特别注意的是，使用 String 类创建的字符串对象，其内容是不可以修改的，任何修改字符串对象的方法和操作，都会产生一个新的字符串对象。

（2）字符串的声明。

字符串的声明使用 String 关键字。例如：

```
String s;
```

（3）字符串的创建和初始化。

字符串的创建其实使用的是 String 类的构造方法，由其常用的构造方法可得到如下几种常用的创建方式。

①创建空字符序列。例如：

```
String s = new String();
```

初始化一个新创建的 String 对象 s，它表示一个空字符序列。

②使用已存在字符串常量作为参数来创建字符串对象。例如：

```
String s = new String("Hello,world");
```

③使用一个字符数组来创建字符串对象。例如：

```
char a[] = {'s','t','u','d','e','n','t'};
String s = new String(a);
```

除了可以使用 String 类的构造方法来创建和初始化字符串以外，也可以把字符串常量的引用赋值给一个字符串变量。例如：

```
String s;
s = "Hello,world";
```

（4）字符串的连接运算。我们在前面的程序中已经用到了字符串的连接，所使用的运算符为“+”。例如：

```
String s1,s2
s1 = "Hello ";
s2 = s1 + "world ";
```

（5）字符串的查询和提取。

String 类中提供了很多对字符串进行查询和提取的方法，常用的有下列几种。

①char charAt(int index)。该方法功能为返回当前字符串中指定索引处的字符，这个方法的返回值为 char。例如：

```
String s = "Hello,world";
char c = s.charAt(1);     //c 的值为'e'
```

②int indexOf(int ch)。该方法功能为返回指定字符在当前字符串中第一次出现处的索引，如果指定字符没有出现在当前字符串中，则返回－1。例如：

```
String s = "Hello,world";
int a = s.indexOf('o');     //a 的值为 4
int b = s.indexOf('g');     //b 的值为 - 1
```

③int indexOf(String str)。该方法功能为返回指定子字符串在当前字符串中第一次出现处的索引，如果指定子字符串不在当前字符串中，则返回－1。例如：

```
String s = "Hello,world";
int a = s.indexOf("ll");     //a 的值为 2
```

④int indexOf(String str, int fromIndex)。该方法功能为从指定的索引处开始，返回指定子字符串在当前字符串中第一次出现处的索引，参数 fromIndex 指定查询的起始位置。例如：

```
String s = "Hello,world";
int a = s.indexOf("o",5);     //a 的值为 7
```

⑤int length()。该方法功能为返回字符串的长度。例如：

```
String s = "Hello,world";
int a = s.length();          //a 的值为 11
```

⑥substring(int beginIndex)。该方法功能为返回一个新的字符串，它是当前字符串的一个子串，新字符串从参数 beginIndex 指定的位置处开始，到当前字符串末尾结束。例如：

```
String s = "Hello,world";
String a = s.substring (6);     //a 的值为"world"
```

⑦substring(int beginIndex, int endIndex)。该方法功能为返回一个新字符串，它是当前字符串的一个子串，新字符串从参数 beginIndex 指定的位置开始，到 endIndex－1 处结束。例如：

```
String s = "Hello,world";
String a = s.substring (2,4);      //a 的值为"ll"
```

（6）字符串的比较。

String 类中提供如下方法对两个字符串进行比较。

①boolean equals(Object anObject)。该方法将当前字符串与指定的 anObject 表示的字符串进行比较，并返回一个 boolean 类型的值。如果两者相同，则返回值为 true；否则返回值为 false。例如：

```
String s1 = "Hello,world";
String s2 = "Hello,World";
boolean a = s1.equals (s2);      //a 的值为 false
```

②boolean equalsIgnoreCase(String anotherString)。该方法将当前字符串与参数字符串进行比较，其用法与 equals(Object anObject)方法基本相同，但是比较时不考虑大小写。例如：

```
String s1 = "Hello,world";
String s2 = "Hello,World";
boolean a = s1. equalsIgnoreCase (s2);      //a 的值为 true
```

③int compareTo(String anotherString)。该方法按字典顺序比较两个字符串，并返回两者之间的差值。若当前字符串比参数字符串大，则返回正值；若比参数字符串小，则返回负值；若两者相等，则返回 0。实际上，该方法的返回值为两个字符串从左向右依次比较每个字符时，第一对不同字符的 unicode 码的差值。例如：

```
String s1 = "ab";
String s2 = "de";
int a = s1.compareTo (s2);      //a 的值为 -3
```

但是要在使用中注意下例所示的情况。

```
String s1 = "abcde";
String s2 = "ab";
int a = s1.compareTo (s2);      //a 的值为 3,也就是两字符串长度之差
```

任务 5　字符串的追加（字符串处理 StringBuffer 类）

任务：

创建一个字符串对象，并对该对象的内容进行追加。

技能目标：

- 掌握 StringBuffer 类的常用方法
- 能够灵活运用 StringBuffer 类提供的方法进行字符串的处理

任务分析：

由于使用 String 类创建的字符串对象，其内容是不可以修改的，因此要想对原来的字

符串对象内容进行追加，就不能使用 String 来创建该字符串对象。Java 提供了 StringBuffer 类用来创建可变的字符串序列。

实现代码 7.6：

```
/** 字符串的追加 **/
import java.util.*;
public class StringAppend {
	public static void main(String[] args) {
		StringBuffer varString = new StringBuffer();
		String str1, str2;
		System.out.println("请输入字符串的初始内容:");
		Scanner in = new Scanner(System.in);
		str1 = in.next();
		varString.append(str1);
		System.out.println("请输入要追加的内容:");
		str2 = in.next();
		varString.append(str2);
		System.out.println("字符串最终的内容为:" + varString);
	}
}
```

程序运行结果如图 7.5 所示。

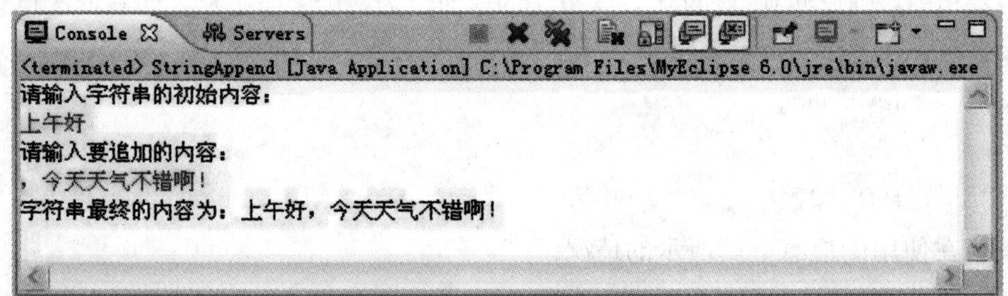

图 7.5　实现代码 7.6 运行结果

知识点：

（1）StringBuffer。

StringBuffer 类也可以用来创建字符串对象，它与 String 类不同的是该类用于存放一个可变的字符串，当对字符串对象进行修改时，不会像 String 类一样创建新的字符串对象，而是直接修改原字符串。使用 StringBuffer 类创建的字符串对象，其实体的内存空间可以随着字符串的改变而自动改变大小。

（2）StringBuffer 对象的创建。

StringBuffer 类主要有三个构造方法用来创建 StringBuffer 对象。

①StringBuffer()。该方法创建一个空的 StringBuffer 类对象，系统为其分配的字符串缓冲区初始容量为 16 个字符。

②StringBuffer(int size)。该方法创建一个 StringBuffer 类对象，系统为其分配的字符

串缓冲区容量为 size 个字符。

③StringBuffer(String value)。该方法创建一个 StringBuffer 类对象，并将其内容初始化为指定字符串 value 的内容，系统为其分配的字符串缓冲区容量为指定字符串的长度再加上 16 个字符。

(3) StringBuffer 类的常用方法。

①append 方法。append 方法的功能就是将指定字符串追加到 StringBuffer 对象的后面，append 提供了很多种重载的方法，下面列出常用的几种：

- StringBuffer append(boolean b)
- StringBuffer append(char c)
- StringBuffer append(int i)
- StringBuffer append(float f)
- StringBuffer append(string str)

可以看到这些方法基本类似，就是将其他数据类型转换为字符串后追加到 StringBuffer 对象的后面，并返回当前 StringBuffer 对象的引用。例如：

```
StringBuffer s = new StringBuffer("ok,");
s.append(100); //s 的值为 ok,100
```

②insert 方法。insert 方法的功能是将指定字符串插入到 StringBuffer 对象的指定位置，与 append 一样也有很多种重载的方法，如下所示：

- StringBuffer insert(int offset,boolean b)
- StringBuffer insert(int offset,char c)
- StringBuffer insert(int offset,int i)
- StringBuffer insert(int offset,float f)
- StringBuffer insert(int offset,String str)

方法中的参数 offset 指定了要插入的位置。例如：

```
StringBuffer s = new StringBuffer("ho");
s.insert(1, "ell");                          //s 的值为 hello
```

③int capacity()。该方法返回当前缓冲区容量。例如：

```
StringBuffer s = new StringBuffer("早上好");
System.out.println(s.capacity());            //输出结果为 19
```

④int length()。该方法的功能为确定 StringBuffer 对象的长度。

⑤void setCharAt(int index,char ch)。该方法功能为将给定索引处的字符设置为 ch。例如：

```
StringBuffer s = new StringBuffer("上午好");
s.setCharAt(0,'下');                          //s 的值为下午好
```

⑥String toString()。该方法将 StringBuffer 对象转换为 String 对象。

⑦StringBuffer delete(int start, int end)。该方法自当前 StringBuffer 对象中删除从 strart 开始到 end－1 处结束的子字符串。例如：

```
StringBuffer s = new StringBuffer("我们的祖国");
s.delete(0, 3);                              //s 的值为祖国
```

⑧StringBuffer deleteCharAt(int index)。该方法自当前 StringBuffer 对象中移除指定位置 index 处的字符。

⑨StringBuffer replace(int start，int end，String str)。使用给定字符串 str 替换当前 StringBuffer 对象的子字符串，被替换子字符串从 start 开始至 end−1 处结束。例如：

```
StringBuffer s = new StringBuffer("我们的祖国");
s.replace(2, 3, "爱");                       //s 的值为我们爱祖国
```

·课后练习题 7·

1. 下面程序的输出结果是（　　）

```
1   public class ArrayTest {
2         public static void main(String[ ] args) {
3               float f1[ ], f2[ ];
4               f1 = new float[10];
5               f2 = f1;
6               System.out.println("f2[0] = " + f2[0]);
7         }
8   }
```

A. f2[0]＝0.0　　　　B. f2[0]＝NaN

C. 第 5 行出现编译错误　　　　D. 第 6 行出现编译错误

2. 请编写程序，求 5 名学生考试成绩中的最高分。

3. 请编写程序将一维数组元素逆置。

4. 下列数组的定义中，不合法的是（　　）

A. char c[][]＝new char[2][4]；　　　　B. char c[][]＝new char[2][]；

C. char [][]c＝new char[][3]；　　　　D. int []a[]＝new int[5][5]；

5. 请编写程序输出如下所示的杨辉三角形的前 10 行。

```
1
1 1
1 2 1
1 3 3 1
1 4 6 4 1
……
```

6. 请编写满足如下要求的程序代码，要求：对二维数组进行升序排序，即最小的数放在 a[0][0]的位置，次小的数放在 a[0][1]的位置，最大的放在 a[2][3]的位置。

提示：可以将该二维数组的元素值存放到一个一维数组中，对一维数组进行排序，再将排好序的一维数组值赋予二维数组并输出。

7. 请编写一个程序，用选择法对一个整型的一维数组进行降序的排列。

提示：选择排序的基本思路。从 n 个数组元素中选出最大（小）的数字，将其与数组第一个元素交换位置，这样最大（小）的数字就放到了第一的位置；对剩下的 n－1 个数组元素重复上述做法，将次大（小）的数字交换到第二的位置；一直重复上述做法，直到第 n－1 个最大（小）数字放到第 n－1 的位置上，则排序结束。

8. 下面哪些程序片段可能导致错误（　　）

A. String a = "Hello,";
   String b = "Jack";
   String c = a + b;

B. String a = "Hello,";
   String b;
   b = a[2] + "ion";

C. String a = "Hello,";
   String b = a. toUpperCase();

D. String a = "Hello,Jack";
   String b = a-",Jack";

9. 下列哪些表达式是声明一个含有 10 个 String 对象的数组（　　）

A. char str[];　　B. char str[][];

C. String str[];　　D. String str[10];

10. 有如下程序代码，下列哪些选项的返回值为 true（　　）

```
String s = "hello";
String t = "hello";
char c[] = {'h','e','l','l','o'};
```

A. s. equals(t);　　B. t. equals(c);

C. s == t;　　D. t. equals(new String("hello"));

E. t == c;

11. 有如下程序代码，下列哪些选项的返回值为 true（　　）

```
String s = new String("hello");
String t = new String("hello");
char c[] = { 'h', 'e', 'l', 'l', 'o' };
```

A. s. equals(t);　　B. t. equals(c);

C. s == t;　　D. s. equals(new String("hello"));

12. 请说明 String 和 StringBuffer 的区别。

13. 创建一个 StringBuffer 对象，并使用 StringBuffer 类的各种常用方法对其进行修改，观察修改的结果。

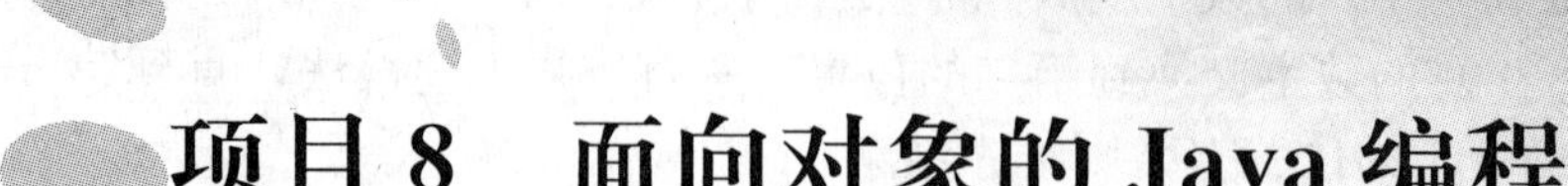

项目8　面向对象的Java编程

任务1　面向对象概述

8.1.1　面向对象的思想(四大发明之活字印刷)

话说三国时期，曹操带领百万大军攻打东吴，大军在长江赤壁驻扎，军船连成一片，眼看就要灭掉东吴，统一天下，曹操大悦，于是大宴众文武，在酒席间，曹操诗性大发，不觉吟道：“喝酒唱歌，人生真爽。……”。众文武齐呼：“丞相好诗！”于是一臣子速命印刷工匠刻版印刷，以便流传天下。

样章出来给曹操一看，曹操感觉不妥，说道：“喝与唱，此话过俗，应改为‘对酒当歌’较好！”，于是此臣就命工匠重新来做。工匠眼看连夜刻版之工，彻底白费，但也只得照办。

样章再次出来请曹操过目，曹操细细一品，觉得还是不好，说：“‘人生真爽’太过直接，应改问语才够意境，因此应改为‘对酒当歌，人生几何？’……！”当臣转告工匠之时，工匠晕倒……！

遗憾的是三国时期活字印刷还未发明，类似事情难免时有发生。如果是有了活字印刷，则只需更改四个字就可，其余工作都未白做。实在妙哉。

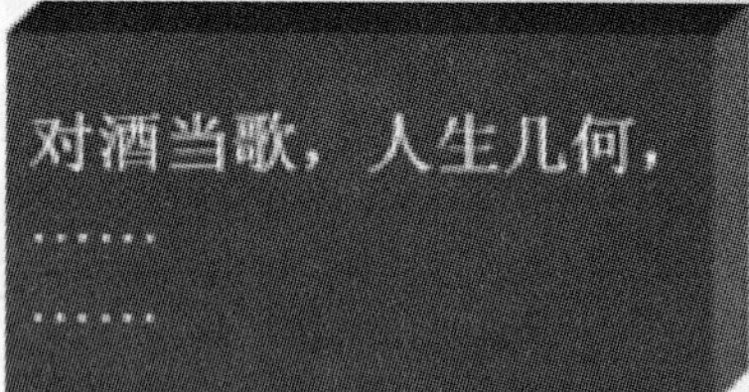

第一，只需更改要改之字，此为“可维护”；

第二，这些字并非用完这次就无用，完全可以在后来的印刷中重复使用，此乃可复用；

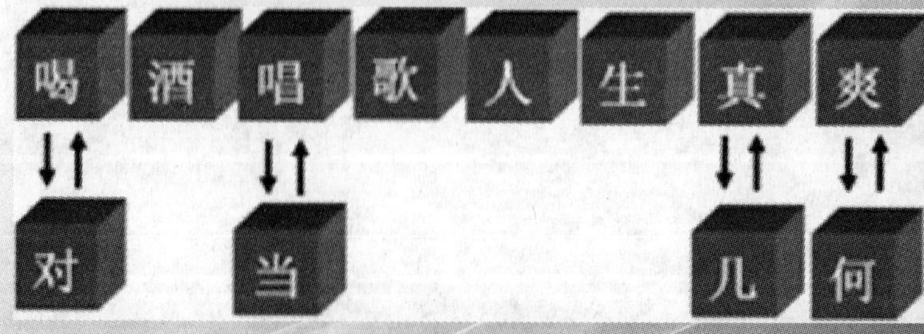

第三，此诗若要加字，只需

另刻字加入即可，这是“可扩展”；

第四，字的排列有可能是竖排，也有可能是横排，此时只需将活字移动就可做到满足排列需求，此是“灵活性好”。

在软件开发中，客户（曹操）的需求经常在变。其实客观地说，客户的要求也并不过分（改几个字而已），但面对已完成的程序代码，却是需要几乎从头再来的尴尬，这实在是痛苦不堪。因为我们原先所写的程序，不容易维护，灵活性差，不容易扩展，更谈不上复用，所以面对需求变化，加班加点，对程序动大手术的那种无奈也就非常正常了。

学习了面向对象分析设计编程思想，可以考虑通过封装、继承、多态把程序的耦合度降低（传统印刷术的问题就在于所有的字都刻在同一版面上造成耦合度太高所制），开始用设计模式使得程序更加的灵活，容易修改，并且易于复用。

8.1.2　面向对象中的基本概念

1. 类与对象

(1) 对象。

对象是人们要进行研究的任何事物。从最简单的整数到复杂的飞机等均可看作对象，它不仅能表示具体的事物，还能表示抽象的规则、计划或事件。实际生活中，我们每时每刻都与“对象”打交道，比如屋顶上的猫、学生用的课桌、老王的彩色电视机等，甚至我们自己本身也是一个对象。

(2) 对象的状态和行为。

对象具有状态，一个对象用数据值来描述它的状态。

对象还有操作，用于改变对象的状态，对象的操作就是对象的行为。

对象实现了数据和操作的结合，使数据和操作封装于对象的统一体中。

(3) 类。

具有相同或相似性质的对象的抽象就是类。因此，对象的抽象是类，类的具体化就是对象，也可以说类的实例是对象。我们平时怎样称呼上面给出的对象呢？我们会以这个对象分类的名称来称呼它，如城市里有很多猫、大街上有很多车、我要去看电视等，这里的猫、车、课桌、电视都只是对象的一种分类而已。在Java中，我们称之为类。

对象和类之间是什么关系呢？比如用户要买一台电视机，这里的“电视机”只是个类的名称，而买回家的是电视机的一个实例对象，而不是一个类。类是一个抽象的概念，而对象是看得到、听得见、摸得着的实例。

类具有属性，它是对象的状态的抽象，用数据结构来描述类的属性。

类具有操作，它是对象的行为的抽象，用操作名和实现该操作的方法来描述。

Java中的所有数据类型都是用类实现的，Java语言是建立在类这个逻辑结构之上的，所以Java是一种完全面向对象的程序设计语言，而我们编写Java程序，主要工作是编写一个个类，然后由类生成对象，实现所需要的功能。

2. 成员

在Java语言中，一切事物都是对象。实际上，对于每个对象都有一个抽象过程。所谓抽象，就是选取所描述事物在现实世界中相关特征的过程。任何事物一定存在三类信息：

- 属性信息：静态刻画对象特征。

● 操作信息：动态刻画对象特征。

● 约束信息：描述对象可以存在的状态

为了使得计算机能够处理客观事物，必须对事物进行抽象。在事物抽象过程中，必须忽略抽象事物中与当前目的无关的特征，只需要关注与当前需求有直接影响的因素。

例如，"人"可以看作一个抽象的类，我们每一个人都是"人"类的一个实例对象。公安机关要了解某一个人的情况，目前所关注的属性有身份证号、姓名、性别、出生日期等。若身高、体重是目前不关心的信息，则要尽量去掉，以后可以根据需要随时再增加进来。由于有了属性，世界上每个对象都不同，就算是双胞胎，也有不同的地方。

每个对象有自己的行为或方法，比如我们可以说"那个人在吃饭"，那么吃饭、走路、工作是描述该实例的行为；又比如每台电视都不同，但每台电视一定会有开关机、选台、音量调节等操作的方法，这些都属于操作信息。

我们把属性和方法称为对象的成员。类中的数据称为成员字段(field)，它其实就是个变量，可以按照一般变量声明的格式进行声明，对数据进行的操作称为成员方法(method)。

8.1.3 面向对象和基于对象的区别

很多人没有区分"面向对象"和"基于对象"两个不同的概念。面向对象的三大特点(封装，继承，多态)缺一不可。通常"基于对象"是使用对象，但是无法利用现有的对象模板产生新的对象类型，继而产生新的对象，也就是说"基于对象"没有继承的特点。而"多态"表示为父类类型的子类对象实例，没有了继承的概念也就无从谈论"多态"。现在的很多流行技术都是基于对象的，它们使用一些封装好的对象，并调用对象的方法，设置对象的属性，但是它们无法让程序员派生新对象类型。程序员只能使用现有对象的方法和属性，因此当判断一个新的技术是否是面向对象的时候，通常可以使用后两个特性来加以判断。"面向对象"和"基于对象"都实现了"封装"的概念，但是面向对象实现了"继承和多态"，而"基于对象"没有实现这些。

8.1.4 面向对象编程

对新的 Java 程序员来说，最大的挑战在于学习该语言的同时学习面向对象编程。

面向对象编程是一种创建计算机程序的方法，它模仿了现实世界中物体被组合在一起的方法，使用这种开发风格，可以编写出更可靠、更容易理解、可重用性更高的程序。

在面向对象编程中，计算机程序被视为一组相互协同、共同完成任务的对象。每个对象都是程序的独立部分，它以特定的、高度可控制的方式与其他部分进行交互。

在现实生活中，组装一套计算机系统，一般是通过将一组不同的对象组合在一起而构建起来的，这些对象被统称为组件，如主板、CPU、显卡(有些主板集成了)、内存条、硬盘、机箱、电源、键盘＋鼠标，另购摄像头、音箱，当然，根据需要还可以加读卡器、手写板等其他认为自己需要的配件。

这些组件能够通过标准的接口进行彼此交互，即使购买的主板、CPU、内存条、硬盘等不是同一个厂家的，只要有标准接口，就可以将它们组合成一套多媒体计算机系统。

面向对象编程的工作原理与此相同：可以用标准方式将新创建的对象与已有的对象组合成一个程序，其中每个对象在整个程序中扮演着特定的角色。对象是计算机程序中的一个自包含元素，它包含一组相关的特性，能完成特定的任务。

任务2 设计"人"类小程序(创建、封装类)

面向对象编程是基于现实世界的情况进行建模的,对象由多种更小的对象构成。然而,合并对象仅仅是面向对象编程的一个方面,其另一个重要特征是使用类。

类(class)是用来创建对象的模板。使用同一个类创建出来的每一个对象都具有就算不是完全相同也相似的特性。类包含一组特定对象的所有特性。使用面向对象语言编写程序时,并不定义各个对象,而是定义用于创建这些对象的类。

任务:

学校中有很多人,这里说到的人(person)就是一个类,我们设计一个人的类。

通过一个简单的"人"类程序,讲解如何以对象为导向去抽取出类,如何定义类和方法以及如何创建对象、调用方法、封装类。

技能目标:

- 掌握类和对象的特征
- 理解封装
- 会创建和使用对象

8.2.1 类和方法

本小节定义并创建了Person类,定义该类具有的属性和方法,并测试该类的方法。

任务分析:

在定义类之前,首先要明确谁是对象,谁是类,它所具有的属性和方法是什么?比如,黎明和张红是实体,他们是对象。将对象抽象成类,是分析归纳对象共性的过程。他们共有的特征是:都具有姓名(name)、年龄(age)。另外,他们所具有的行为是都可以"吃饭(eat)",可以"自我介绍(introduction)",当然,这只是他们的部分特征描述。抽象出了这个类的属性和行为。我们就可以定义类了。

类定义了对象所拥有的特征(属性)和行为(方法),定义一个类的步骤如下:

(1)定义类名。

(2)编写类的属性(在程序中采用变量表示对象的属性)。

(3)编写类的方法(表示对象的行为)。

步骤1:定义"人"的类。

```
public class Person
{ }
```

知识点:

(1) 定义类的语法。

```
class 类名{类的属性和方法}
```

在Java中要创建一个类,需要使用一个class(class是创建类的关键字),一个类名和一个表示程序体的大括号。所有Java程序都以类class为组织单元。

(2) 类命名规则。

- 不能使用 Java 关键字。
- 首字母可以为字母，也可以是“_”或“$”（建议不要这样）。
- 不能包含空格或“.”号。

注意：一个源程序文件中可以声明多个类，编译后每个类都会生成 .class 文件，但用 public 修饰的类只能有一个，而且该类名必须与文件名相同。一个 Java 文件可以对应一个或多个 .class 文件。

步骤 2：将 name、age、introduction、eat 这四个成员加入 Person 类中。

实现代码 8.1：

```
public class Person {
        String name; //定义人的姓名
        int age; //定义人的年龄
        //定义 introduction ()方法
        public void introduction() {
                System.out.println("我的名字叫" + name);
                System.out.println("我的年龄是" + age + "岁");
        }
        //定义 eat ()方法
        public void eat() {
                System.out.println("每个人都要吃饭");
        }
}
```

知识点：

（1）Java 语言中类的一般定义。

方式一：

```
public class 类名      //隐含地派生于 Object 类
   {          }
```

方式二：

```
public class 类名 extends 父类名
   {  继承形式的类定义(指明父类名);  }
```

方式三：

```
public class 类名 extends 父类名 implements 接口名
   {  继承并实现某一接口形式的类定义;  }
```

（2）属性和方法一起被称为类的成员。

Java 中的成员类型分为四种，从开放到封闭依次为共有类型、保护类型、默认类型和私有类型。

①共有类型（使用 public 关键字）：说明该类成员可被所有类的对象使用。

②保护类型（使用 protected 关键字）：说明该类成员能被同一类中的其他成员或其子类成员或同一包中的其他类访问，不能被其他包的非子类访问。

③默认类型（default）：其实并没有一个叫 default 的修饰符，如果在声明一个成员时，

成员前面没有加上其他三种修饰符，就叫 default。它的限制比 protected 还严格，它使得该类成员能被同一类中的其他成员或同一包中的其他类访问，但不能被其他包的类访问。

④私有类型（使用 private 关键字）。说明该类成员只能被同一类中的其他成员访问，不能被其他类的成员访问，也不能被子类成员访问。

成员方法和成员变量都是 Java 类的成员。当声明一个类的成员时，可以使用权限修饰符允许或不允许其他类的对象访问其成员。

（3）定义方法的语法。

```
修饰符 返回值类型 方法名(形参表){方法体}
```

- 返回值类型：可以根据方法的需要定义返回值，可以是 int、String、char 等 8 种数据类型或 java 的类。如果方法没有返回值，则用 void 表示，不能省略。
- 定义方法时，如果有多个形参，用“,”分隔。

8.2.2　创建和使用对象

任务分析：

已经定义好 Person 类，但它只有形式没有内容，它规定了每个人包含的信息（属性）的类型，没有包含任何实际的值。也就是说，类的定义只是一种模型说明，并不是代表具体的东西（对象）。只有将类实例化后才产生出对象。由于 Person 类也没有 main()方法，所以它不是一个完整的 Java 应用程序。我们的任务是设计一个 PersonTest 类来创建并使用一个或多个 Person 对象。

实现代码 8.2：

```
public class PersonTest {
    public static void main(String args[]) {
        //创建对象
        Person p1 = new Person();          //创建 Person 类的对象 p1
        Person p2;                         //声明 Person 类的对象 p2
        p2 = new Person();                 //初始化对象 p2
        p1.name = "Jack";                  //定义对象 p1 的姓名
        p1.age = 18;                       //定义对象 p1 的年龄
        p1.introduction();                 //通过对象 p1 调用 introduction ()方法
        p2.eat();                          //通过对象 p2 调用 eat()方法
    }
}
```

知识点：

创建对象时一般是先定义一个对象变量，再用 new 关键字生成一个对象，并为对象中的变量赋初始值。Java 中的对象只有实例化后，系统才真正创建出它并为其分配内存空间。格式如下：

```
类名 对象名;                //声明对象变量
对象名 = new 类名( );       //创建对象
```

其中，类名是定义对象的类型，包括类和接口等引用类型；new 关键字是实例化一个对象，给对象分配内存。也可以将对象的声明与实例化合二为一，如代码 8.2 中的第 6 行。

对象的使用原则是先定义后使用。通过“.”运算符实现对成员变量的访问和方法调用，通过这种引用可以获取或修改类中成员变量的值。成员变量和方法通过权限设定来防止其他对象的访问。其格式为：对象名 . 调用的方法名或变量名，如代码 8.2 中的第 7～10 行。

8.2.3 为类的对象赋初值（构造方法）

任务分析：

在代码 8.2 中每次创建一个实例都需要初始化所有变量，Java 允许对象在创建时就初始化。而这种自动初始化是通过使用构造方法（Constructor）来实现的。顾名思义，它就是告诉计算机如何构造一个对象。下面使用构造方法进一步完善 Person 类。

实现代码 8.3：

```
public class Person {
      String name;
      int age;
      //类的构造方法,用于初始化成员变量
      Person(String name, int age) {
            this.name = name;
            this.age = age;
      }
      //定义 introduction()方法，输出介绍信息
      public void introduction() {
            System.out.println("我的名字叫" + name);
            System.out.println("我的年龄是" + age + "岁");
      }
      public void eat() {
            System.out.println("每个人都要吃饭");
      }
}
//测试类,可以和 Person 类写在一个文件中,文件名和 public 类同名
class PersonTest {
      public static void main(String args[]) {
            Person p1 = new Person("Jack", 18); //创建对象的同时,初始化
            Person p2 = new Person("Steven", 21);
            System.out.println("p1's name is " + p1.name + ".");
            System.out.println(p2.name + " is " + p2.age + " years old.");
            p1.introduction();
            p2.eat();
      }
}
```

保存程序为 Person.java，编译后，运行 PersonTest.class 文件，程序运行结果如下：

```
p1's name is Jack.
Steven is 21 years old.
我的名字叫 Jack
我的年龄是 18 岁
每个人都要吃饭
```

知识点：

（1）构造方法的名字与包含它的类相同，在语法上类似于一个方法。构造方法没有返回值，甚至连 void 修饰符都没有（因为它只是用来创建对象）。

作用：实现对象在实例化时的初始化（当对象在实例化时将自动地调用构造函数，实现对其成员数据赋初值）。代码如下。

```
Rectangle rectA = new Rectangle();                 //对象在实例化时未初始化其属性
Rectangle rectA = new Rectangle(10,10,200,200);    //对象在实例化时初始化其属性
```

（2）构造函数的可能形式。

- 类中未定义出构造函数时，此时系统中会生成一个默认形式的构造函数（函数体为空），对象在实例化时将不能进行初始化。
- 重载形式（定义出多个同名的构造函数时），从而可以在对象实例化时以多种方式进行初始化。

（3）this 关键字的使用。

当方法内部定义的局部变量和成员变量同名时，如果要调用成员变量，就要用 this。没有同名的状况发生就不需要用 this。this 的其他用法在继承中有讲解。

8.2.4　完善 Person 类——带 get 和 set 方法（封装）

任务分析：

在代码 8.2 中，程序采用的是直接访问 p1 对象的数据的策略。代码片段如下。

```
p1.name = "Jack";            //定义对象 p1 的姓名
p1.age = 18;                 //定义对象 p1 的年龄
```

从表面上看，程序没有什么错误，但是如果有人这样赋值呢？

```
p1.name = "Jack";
p1.age = -12;
```

显然，年龄为负值是不合常理的。由于用户能直接访问对象的数据，所以无法限制其他应用程序在调用这些变量时为其赋值。本节的任务是将实例变量声明成 private（私有的，只能在本类中访问，在其他类中不可见）隐藏起来，同时提供 get 方法和 set 方法访问属性值。

步骤 1：在代码 8.1Person 类中修改属性为私有的，增加 set 和 get 方法。

实现代码 8.4：

```
public class Person
{
```

```
3      private String name;            //定义人的姓名为私有的
4      private int age;                //定义人的年龄为私有的
5      //类的构造方法,用于初始化成员变量
6      Person (String name, int age){
7           this.name = name;
8           this.age = age;
9           }
10     public String getName() {
11      return name;
12     }
13     public void setName(String name) {
14         this.name = name;
15     }
16     public int getAge() {
17       return age;
18     }
19     public void setAge(int age) {
20     //setAge()方法采取了保护措施,当用户调用该方法时对年龄验证不会出现年龄为负数的情况
21          if(age < 0){
22                System.out.println("错误!年龄不能为负数!");
23          }
24          else{ this.age = age;}
25     }
26     public void introduction()       //定义 introduction ()方法
27     {//略,与原代码一致 }
28     public void eat()                //定义 eat ()方法
29     {//略,与原代码一致 }
30  }
```

步骤 2：在代码 8.2 中修改第 7 行和第 8 行代码。

```
P1.setName("Jack");              //测试类中通过调用 setter 方法,为对象的各个属性赋值
P1.setAge(18);
```

知识点：

（1）封装的概念。

封装（encapsulation），即信息隐藏，封装的目的有：

- 隐藏类的实现细节，以防别人误用。
- 迫使用户通过接口去访问数据。
- 增强代码的可维护性。

封装的概念可以用集成电路芯片作类比。一块集成电路芯片由陶瓷封装起来，其内部电路是不可见的，也是使用者不关心的。芯片的使用者只关心芯片的引脚的个数、引脚的电量参数以及引脚提供的功能，通过这些引脚，硬件工程师对这个芯片有了全面的了解。硬件工程师将不同芯片的引脚连在一起，就可以组成一个具有一定功能的产品。在面向对象编程中

软件工程师也常使用封装。比如：包结构是一种封装，它封装了若干个类；类也是一种封装，它封装了属性和方法；方法也是一种封装，它封装了此方法的所有操作，对外提供公开的接口（参数和返回值）。

（2）使用 get 和 set 方法封装私有数据。

get 和 set 方法一般是用来给类的成员变量赋值的，set 表示设置值，get 表示获取值。由于类的成员变量一般会声明为 private 的，其他类是不能直接访问成员变量的，所以为了在类以外给该类的成员变量赋值或者取值，只有用声明为 public 的 setXxx()和 getXxx()方法来实现，这些方法可以对参数的数值进行安全检查。如果编写了一个原型类，又按照这种封装类的要求把它封装好了，这样的类就叫做 Java 的组件，即 JavaBean。

（3）setXxx()和 getXxx()方法要按照规定命名，不能随意编写。方法前半部分必须是 get 或 set，后半部分是属性名，属性名首字母必须要大写。

（4）在 MyEclipse 中自动生成 get 和 set 方法。

在 MyEclipse 中先定义好字段后，在要写 get 和 set 方法的位置单击鼠标右键，打开快捷菜单，选择"Source→Generate Getters and Setters"选项，可以根据选择自动生成这些方法。

8.2.5　自动统计人数——类成员

任务分析：

以前我们看到的属性或方法都属于对象等级，它们是伴随对象的，也就是说只有当对象实例化以后，那些属性和方法才有存在的意义，因此我们称这些属性或方法为实例成员。

学校里人很多，为了方便管理，必须统计出人的总数。有些属性和方法不需要伴随对象，如学校的总人数，如果我们把它交由上层的类来管理，会比较容易而且效率更高，我们称这种属性或方法为类成员。本节任务设计一个类变量统计人数。

实现代码 8.5：

```
public class Person_s {
        private String name;                    //实例变量,私有的
        private int age;                        //实例变量,私有的
        static int count = 0;                   //类变量
        Person_s(String n, int a) {
                name = n;
                age = ((a > 0) & (a < 150)) ? a : 0;
                count ++;
        }
        public static void print_count()        //类方法,只能访问类变量
        {
                System.out.println("count = " + count + " ");
        }
        public void print()                     //实例方法
        { //可以访问类变量和实例变量
                print_count();                  //调用类方法
```

```
17            System.out.println(name + " is " + age + " years old.");
18        }
19        public void finalize()                //析构方法
20        {
21            count --;
22        }
23    }
24    class Person_sTest {
25        public static void main(String args[ ]) {
26            Person_s p1 = new Person_s("Jack", 21);
27            p1.print_count();                 //通过对象调用类方法
28            p1.print();                       //通过对象调用实例方法
29            Person_s p2 = new Person_s("Tom", 18);
30            p2.print();
31            System.out.println("共有 " + p1. count + "个对象.");
32            p1.finalize();                    //调用对象的析构方法
33            System.out.println("调用析构方法后还有 " + p1. count + "个对象.");
34            Person_s.print_count();           //通过类名调用类方法
35        }
36    }
```

程序运行结果如下：

```
count = 1
count = 1
Jack is 21 years old.
count = 2
Tom is 18 years old.
共有 2 个对象.
调用析构方法后还有 1 个对象.
count = 1
```

程序说明：

● Person _ s 类中的变量 name、age 是实例变量，对于不同的对象 p1 和 p2 有各自的值。程序的 28 行的执行结果是输出语句“Jack is 21 years old.”，程序的 30 行的执行结果是输出语句“Tom is 18 years old.”

● Person _ s 类中的变量 count 是类变量，系统运行时，只为该类的第一个对象 p1 分配内存单元，其后创建的对象 p2 共享一个 count 变量。在创建了对象 p2 后，count 的值为 2。但是，程序的第 32 行通过对象 p1 调用析构方法，count 的值减 1 后为 1。

知识点：

Java 类就包括两种成员：实例成员和类成员。类成员也称为静态成员。使用 static 修饰的成员称为类成员。

1. 实例变量和类变量

类的成员变量有实例变量和类变量两种。没有 static 修饰的变量称为实例变量，每次创建类的一个实例对象时，系统会为对象的每一个实例变量分配内存单元。

用 static 修饰的变量称为类变量或静态变量，系统运行时，只为该类的第一个对象分配内存单元，其后所有新创建的对象都共享这一个类变量。

2. 实例方法和类方法

类的成员变量有实例方法和类方法两种。没有 static 修饰的方法称为实例方法。实例方法体中既可以访问类变量，也可以访问实例变量，实例方法只能通过对象来调用。

用 static 修饰的方法称为类方法或静态方法。类方法体中只能访问类变量。类方法既可以通过对象来调用，也可以通过类名调用，如程序的第 27 行和 34 行。

3. 析构方法

Java 有垃圾回收机制，能自动判断对象是否在使用，如果不使用，则自动销毁它，收回对象所占的资源。在程序中也可以使用析构方法 finalize()随时销毁对象。Java 的每个类都有一个析构方法，用于将资源返回给系统。方法 finalize()没有参数，也不返回值。

任务 3　设计亚洲人的类（继承）

任务：

我们周围有很多亚洲人，也可以看到一些欧洲人，我们在这一节要设计一个关于亚洲人的类，但是无论亚洲人和欧洲人都属于“人”类，都有“人”类的共同特性，在之前已经设计好了“人”类，所以要对现有程序加以重用，并且扩充和完善“亚洲人”类。

技能目标：

- 会使用继承的方法创建子类
- 理解 this 和 super
- 会重写父类的方法

8.3.1　创建子类

任务分析：

亚洲人区别于其他洲人的显著特征是黑头发黄皮肤，但“亚洲人”和“人”之间具有自然的相互关联性。在定义亚洲人这个类时，比较“人”类和派生类亚洲人之间的相同与不同点，对相同点则加以继承（不必重定义）；而对差异部分（比如亚洲人是黄皮肤黑头发）则重新给出定义。

实现代码 8.6：

```
class Asian extends Person {
        static String skinColor = "黄色";
        static String hairColor = "黑色";
        String country;
        Asian(String name, int age, String country)
        {
        super(name, age);
        this. Country = country;
```

```
        System.out.println("========调用了子类中的构造方法========");
    }
    public void print() {
        System.out.println(getName() + ",皮肤是:" + skinColor + "的.");
        System.out.println(getName() + ",头发是:" + hairColor + "的.");
        System.out.println(getName() + "是:" + country + "人.");
    }
}
public class Test {
    public static void main(String args[]) {
        Asian s = new Asian("紫怡", 20, "中国"); //创建子类对象
        s.introduction();//调用父类的方法
        s.print(); //调用子类的方法
    }
}
```

程序运行结果如下：

```
========调用了子类中的构造方法========
我的名字叫紫怡
我的年龄是 20 岁
紫怡,皮肤是:黄色的。
紫怡,头发是:黑色的。
紫怡是:中国人.
```

知识点：

（1）继承：在已有类的基础上快速构造出新类的过程；派生：在构造新类的同时并新增新的特性的过程。

（2）基（父）类：被继承特性的类；派生（子）类：在基类的基础上新创建出的类。

（3）继承派生：实体（对象）之间不仅在横向方面具有关联特性，在纵向上也存在继承与派生的特性（遗传与变异）；如果编程时能充分利用此特性将可快速地构造出新类。

（4）实现继承的格式为：class 子类名 extends 父类

（5）子类中如何进行继承与派生父类（可以采用简单的比较法）。常用的手段有：

- 继承基类中的原始成员：当派生类中未定义出该成员时将自动采用继承。
- 覆盖（重写或替换）父类中的成员方法：当父类中的某些成员方法不再适合子类的需要时，在子类中应重写出自己的成员方法。
- 扩充增强子类功能：当子类要求具有新的功能时，应添加出该功能（增添新的成员）。代码 8.6 中 print()方法是新增的功能。

注意：类的构造方法是不能继承的。

用下面的例子说明对象实例化时的父子关系。

例 8.1：对象实例化时父子关系

```
class Father                    //父类
{
```

```
    public int f = 5;
    int Move(int x) {
        return 65 + x;
    }
}

class Fils extends Father          //子类
{
    public int boy = 6;
    int FilsMove(int x) {
        return 165 + x;
    }
}
public class fatherFils            //应用类
{
    public static void main(String[] args) {
        Father s = new Fils(); //父类可以用子类实例化,因为子类包含了父类的内容
        System.out.println(s.Move(55));
        //System.out.println(s.FilsMove(55));
        //子类的东西是不能直接用的,所以这样写是不可以的
        System.out.println(((Fils) s).FilsMove(55));
        //父类想用子类的东西,可用强制数据类型转换
        //Fils s1 = new Father(); //子类用父类来实现是错误的
        Father s2 = new Father();
        Fils s3 = new Fils();
        s2.f = 777;
        s3.boy = 88;
        s3.f = 999;
        s2 = s3;
        //子类可以赋值给父类,但子类的boy数据在父类是不能直接看到的
        System.out.println(s2.f);
        System.out.println(((Fils) s2).boy);//要显示boy数据,可以使用强制数据类型转换
    }
}
```

说明：强制数据类型转换，可以在父子关系中应用，但主要用于父类转成子类，因为子类包含着父类的内容，所以子转成父的转换是没必要的。

8.3.2　子类对父类方法的重写（方法的重写）

任务分析：

本小节任务是设计“中国人类”Chinese，从Person类继承而来。在该例子中，子类Chinese以super(name,age)的形式调用父类的构造方法，同时子类以不变的权限复写了父类的eat()方法。子类可以继承父类的方法，也可以重写父类的方法。但重写父类的方法有

一个基本的前提：所重写的方法不能有比父类方法更严格的访问权限。(访问权限 public>default>private)，只要在子类中声明的方法和父类相同，就实现了方法的重写（覆盖）。

实现代码 8.7：

```
class Person{
        。。。。。。
       //略,与原代码一致
        public void eat()                    //父类定义的 eat()方法
        {
               System.out.println("每个人都要吃饭");
        }
}
class Chinese extends Person{
        String province;
        public Chinese(String name,int age,String province)
        {
               super(name,age);              //直接指明调用父类中有两个参数的构造方法
               this.setProvince (province);
        }
        public void setProvince(String province){
               this. province = province;
        }
        public String getProvince (){
               return this. province ;
        }
        public void eat()                    //重写了父类的 eat()方法
        {
        System.out.println("中国人喜欢吃中餐");
        }
}
public class ChineseTest{
        public static void main (String[ ] args){
               Chinese liming = new Chinese("黎明",20,"山西省");
               Chinese lisi = new Chinese("李四",19,"山东省");
               liming.eat();                 //调用子类的成员方法
               liming.introduction ();       //调用父类的成员方法
               lisi.eat();                   //调用子类的 eat()方法
               super.eat();                  //调用父类的 eat()方法
        }
}
```

知识点：

(1) this 引用。

Java 中，每个对象都具有对其自身引用的访问权，成为 this 引用。this 引用是作为非

static方法调用中的隐含参数传送到对象中的，使用规则如下。

①指代对象本身。语法格式：

```
this
```

例如，下面的方法比较两个对象obj1、obj2是否相等。其中obj2对象通过参数传递值，obj1对象是隐藏的。在方法中，通过this引用，指代调用本方法的当前对象。

```
void equals(Object obj2)
{
 Object obj1 = this;                    //this 指调用本方法的当前对象
}
```

（2）访问本类的成员变量和成员方法。语法格式：

```
this.〈变量名〉
this.〈方法名〉
```

例如，下面代码中，类A中有成员变量i，而在方法m中也用i作为参数。在m的方法中容易混淆两个i，此时必须要用this.i指代对象自己的成员变量i。

```
class A
{
  int i ;
  void m(int i)
  {
    this.i = 2 * i;     //this.i 中的 i 指成员变量 i,表达式中的 i 指参数 i
  }
}
```

（2）super引用。

在上面的实例中，实际上在子类的构造方法中调用了一个super()的方法。该方法表示调用父类（即超类）的构造方法。

如果子类中定义的成员变量和父类中的成员变量同名，则父类中的成员变量不能被继承，此时称子类的成员变量隐藏了父类的成员变量。当子类中定义了一个方法，并且这个方法的名字、返回类型、用参数个数和类型与父类的某个方法完全相同时，父类的这个方法将被隐藏，即不能被子类继承下来。如果在子类中使用被子类隐藏的父类的成员变量或方法，则可以使用关键字super。使用关键字super，可以引用被子类隐藏的父类的成员变量和成员方法，成为super引用，引用规则如下：

①被子类隐藏的父类的成员变量和成员方法，语法格式：

```
super.〈变量名〉
super.〈方法名〉
```

②调用父类的构造方法。

例8.2：使用super调用父类的构造方法

子类不能继承父类的构造方法。如果子类想使用父类的构造方法，则必须在子类的构造方法中使用，且必须使用关键字 super 来表示，super 必须是子类构造方法中的第一条语句。代码如下。

```
class Student{
        int number;String name;
        Student(int number,String name){
                this.number = number;this.name = name;
                System.out.println("I am" + name + "my number is" + number);
        }
}
class Univer_Student extends Student{
        boolean 婚否;
        Univer_Student(int number,String name,boolean b){
                super(number,name);
                婚否 = b;
                System.out.println("婚否 = " + 婚否);
        }
}
public class Test{
        public static void main(String args[ ]){
                Univer_Student zhang = new Univer_Student(9901,"贺林",false);
        }
}
```

运行结果如下：

```
I am 贺林 my number is 9901
婚否 = false.
```

注意：如果在子类的构造方法中，没有显示地使用 super 关键字调用父类的某个构造方法，那么默认有 super()语句，即调用父类的不带参数的构造方法。如果父类没有提供不带参数的构造方法，就会出现错误。

例 8.3：使用 super 操作被隐藏的成员变量和方法

如果在子类中想使用被子类隐藏了的父类的成员变量或方法，则可以使用关键字super。例如，super. x、super. play()是被子类隐藏的父类的成员变量 x 和方法 play()。代码如下：

```
class Sum{
        int n;
        float f(){
                float sum = 0;
                for (int i = 1;i <= n;i ++ )
                        sum = sum + i;
                return sum;
        }
}
```

```
class Average extends Sum{
        int n;
        float f(){
                float c;
                super. n = n;
                c = super. f();
                return c/n;
        }
        float g(){
                float c;
                c = super. f();
                return c/2;
        }
}
public class Test{
        public static void main(String args[ ]){
                Average aver = new Average();
                aver. n = 100;
                float result_1 = aver. f();
                float result_2 = aver. g();
                System. out. println("result_1 = " + result_1);
                System. out. println("result_2 = " + result_2);
        }
}
```

运行结果如下：

```
result_1 = 50. 5
result_2 = 2525. 0
```

8.3.3　instanceof 对象运算符

任务分析：

instanceof 是一个比较特殊的运算符，它用于检测一个对象是不是指定类（或它的子类）的实例，如果是返回 true；否则返回 false。

在动物中，狗属于动物、猫也属于动物，这里的狗和猫就可以被看做是继承了动物。我们认为子类的对象都是父类的类型的对象。比如所有的狗都是动物。很好理解吧？那么既然有这样的关系，子类对象使用 instanceof 来判断是否是父类类型时，应该返回的是 true，我们编写一段代码来验证一下。

实现代码 8.11：

```
class Animal {
        public String toString() {
                return "This is an animal ";
```

```
        }
}
class Dog extends Animal {
        public void sound() {
            System.out.println("Woof Woof");
        }
}
public class MainClass {
        public static void main(String[] a) {
            Dog aDog = new Dog();
            if (aDog instanceof Animal) {
                Animal ani = (Animal) aDog;
                System.out.println(ani);
            }
        }
}
```

在这段代码中我们定义了一个动物（Animal）类，然后定义了一个狗（Dog）类继承自Animal。Dog 类定义了自己的方法 sound，它使得狗发出叫声。在主类中，我们实例化了一个狗对象，然后判断是否是动物，如果是，则强制转换为动物对象。同学们可以自己运行一下，看看结果。

知识点：

(1) Object 类。

上述代码中在 Animal 类中，我们覆盖了 java.lang.Object 类的 toString 方法。Java 中的继承是单根继承。单根继承的意思是一个类只能有一个父类。如果没有定义继承的根，则默认继承 Object，Object 是 Java 中一个特殊的类，它是 Java 体系中所有类的父类，此类中的方法所有类均可以继承。下面介绍 Object 类中的三个方法。

①finalize()方法：当一个对象被垃圾回收的时候调用的方法。在 8.2.4 节有过介绍。

②toString()方法：可以获得对象的字符串表示。当直接打印已定义的对象时，隐含的就是打印 toString()的返回值。可以通过子类重写 toString()方法来覆盖父类的 toString()方法，以取得我们想得到的表现形式。

③equals()方法：判断两个对象是不是同一个类。

首先比较下面例子：

```
String A = new String("hello");
String B = new String("hello");
```

如果比较 A==B，则返回结果为 false。

如果比较 A.equals (B)，则返回结果为 true。

因为此时 A 和 B 中存放的是指向对象的引用（即物理上的存放地址），所以要比较两个字符串对象的值是否相等（而不是它们的地址是否相等），要调用 equals()方法。

但是在使用中一般要重写 Object 类的 equals()方法，以满足程序的需要。

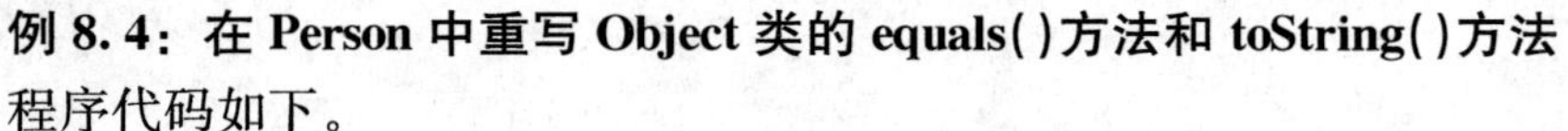

例 8.4：在 Person 中重写 Object 类的 equals( )方法和 toString( )方法

程序代码如下。

```
class Person
//extends Object 如果一个类没有明确声明继承自哪个类,则肯定会继承 Object 类
{
    private String name;
    private int age;

    public Person(String name, int age) {
        this.name = name;
        this.age = age;
    }
    public boolean equals(Object obj) {
        if (!(obj instanceof Person)) {
            return false;
        }
        Person per1 = this;
        Person per2 = (Person) obj;
        boolean flag = false;
        if (per1 == per2) {
            flag = true;                    //判断是否为同一个引用
        } else {
            if (per1.name.equals(per2.name) && per1.age == per2.age) {
                flag = true;
            }
        }
        return flag;
    }
    public String toString() {
        return "姓名:" + this.name + ",年龄:" + this.age;
    }
}
public class Test {
    public static void main(String args[]) {
        Person p1 = new Person("Jack", 30);
        //Person p2 = new Person("Jack",30) ;
        Person p2 = p1;
        System.out.println(p1.equals("p2"));
        System.out.println(p1);
    }
}
```

程序中对 public boolean equals（Object obj ）进行了覆写，增加了很多验证机制。

运行结果如下：

```
true
姓名:Jack,年龄:30
```

请注释掉 Person 类中的 equals()方法，运行该程序，此时结果为 false。再注释掉 toString()方法，编译运行该程序，观察结果，体会 Object 类中定义的该方法的功能。

例 8.5：阅读下例程序代码并运行，观察程序结果，仔细体会==和 equals()方法的区别

```
public class Test {
    public static void main(String[] args) {
        String a = new String("abc");
        String a2 = new String("abc");
        String b = "abc";
        String c = "abc";
        System.out.println("a == a2 ? " + (a == a2));
        System.out.println("a.equals(a2) ? " + a.equals(a2));
        System.out.println("a == b ? " + (a == b));
        System.out.println("a.equals(b) ? " + a.equals(b));
        System.out.println("b == c ? " + (b == c));
        System.out.println("b.equals(c) ? " + b.equals(c));
        Object d = new Object();
        Object e = d;
        Object f = new Object();
        System.out.println("d == e ? " + (d == e));
        System.out.println("d.equals(e) ? " + d.equals(e));
        System.out.println("d == f ? " + (d == f));
        System.out.println("d.equals(f) ? " + d.equals(f));
    }
}
```

（2）instanceof 的用法。

作用：返回一个 Boolean 值，指出对象是否是特定类的一个实例。格式：

```
result = object instanceof class
```

说明：假如 object（对象）是 class（类）的一个实例，则 instanceof 运算符返回 true。假如 object 不是指定类的一个实例，或者 object 是 null，则返回 false。例如：

```
String s = "I AM an Object!";
boolean isObject = s instanceof Object;
```

我们声明了一个 String 对象引用，指向一个 String 对象，然后用 instancof 来测试它所指向的对象是否是 Object 类的一个实例，如果是，则返回 true，也就是 isObject 的值为 True，说明字符串是对象而不是简单变量。

下面再用一段代码片段说明 instanceof 运算符的用法。

```
objTest(obj){
    int i, t, s = "";             //创建变量
    t = new Array();              //创建一个数组
    t["Date"] = Date;             //填充数组
    t["Object"] = Object;
    t["Array"] = Array;
    for (i in t){
        //检查 obj 的类
        if (obj instanceof t[i]){
            s += "obj is an instance of " + i + "\n";
        }
        else{
            s += "obj is not an instance of " + i + "\n";
        }
    }
    return(s);                    //返回字符串
}
```

调用时的代码提示如下。

```
obj = new Date();
System.out.println(objTest(obj));
```

任务 4　用多态的方法设计“中国人”类

在一个程序中使用相同的名字定义了不同的方法，这种现象就是多态。多态体现在方法的重载和重写。

任务：

设计“中国人”类，在创建“张三”、“李四”等不同的对象时，可以根据我们所知的该对象的信息构造对象，并且可以根据不同对象调用不同的方法（具体情况具体分析）。比如张三喜欢吃面条，李四喜欢一日多餐。我们的任务是在设计 Chines 类时设计多个构造方法以初始化不同的对象，设计多个 eat()(成员)方法满足不同对象的要求。

技能目标：

- 理解多态的含义
- 学会重载构造方法
- 学会重载成员方法

8.4.1　构造方法的重载

任务分析：

如果前面所建立的 Chinese 类有 4 个属性：身份证号、姓名、年龄、省份。当我们认识

一个人时，假设有下列方式：

- 不知道具体信息，只知道是一位中国人
- 知道他（她）的姓名
- 知道他（她）的姓名、省份
- 知道他（她）的身份证号、姓名、省份
- 知道他（她）的身份证号、姓名、年龄、省份

编程实现具有不同构造方法的 Chinese 类。

实现代码 8.14：

```
1   class Chinese {
2       String id;
3       String name;
4       int age;
5       String province;
6       //无参构造方法
7       public Chinese() {
8       }
9       //重载构造方法
10      public Chinese(String name) {
11          this. name = name;
12      }
13      //重载构造方法
14      public Chinese(String name, String province) {
15          this(name);
16          this. province = province;
17      }
18      //重载构造方法
19      public Chinese(String id, String name, String province) {
20          this(name, province);
21          this. id = id;
22      }
23      //重载构造方法
24      public Chinese(String id, String name, int age, String province) {
25          this( id, name, province);
26          this. age = age;
27      }
28      //public Chinese(String id,String name,int age,String province ) //重载构造方法
29      //{//18 到 22 行的代码实现了以下功能
30      //this. id = id;
31      //this. name = name;
32      //this. age = age;
33      //this.  province = province;
34      //}
```

```
        //重写了 toString()方法
        public String toString() {
            return "身份证号是:" + this.id + " 姓名:" + this.name + ",年龄:" + this.age
                        + " " + this.province + " 人";
        }
}
public class Test {
        public static void main(String args[]) {
            Chinese p1 = new Chinese();
            System.out.println(p1);
            Chinese p2 = new Chinese("jack");
            System.out.println(p2);
            Chinese p3 = new Chinese("jack", "北京");
            System.out.println(p3);
            Chinese p4 = new Chinese("111111111111111111", "jack", "上海");
            System.out.println(p4);
            Chinese p5 = new Chinese("111111111111111111", "jack", 18, "山西");
            System.out.println(p5);
        }
}
```

运行结果如下：

```
身份证号是:null 姓名:null,年龄:0 null 人
身份证号是:null 姓名:jack,年龄:0 null 人
身份证号是:null 姓名:jack,年龄:0 北京 人
身份证号是:111111111111111111 姓名:jack,年龄:0 上海 人
身份证号是:111111111111111111 姓名:jack,年龄:18 山西 人
```

知识点：

用户定义的类可以拥有多个构造方法，但要求参数列表不同。

重载构造方法的执行由类根据实际参数的个数、类型和顺序确定。

8.4.2　普通方法的重载和重写

任务分析：

对于不同的对象（不同的人），我们知道有人爱吃米饭，有人爱吃面食，本节编写代码实现这些不同的要求。Java 允许在一个类中，多个方法拥有相同的名字，但在名字相同的同时，必须有不同的参数，这就是重载，编译器会根据实际情况挑选出正确的方法，如果编译器找不到匹配的参数或者找出多个可能的匹配就会产生编译错误。

实现代码 8.15：

```
class Chinese extends Person{
        ……//略,与原代码一致
        //重写了父类的 eat ()方法
```

```
    public void eat(){
      System.out.println("中国人喜欢吃中餐");
    }
    //定义带参数的 eat ()方法,重载了 eat ()方法
    public void eat(String food){
        System.out.println("喜欢吃" + food);
    }
    //重载 eat ()方法
    public void eat( int i){
        System.out.println("每天吃" + i + "顿饭");
    }
}
public class Test{
    public static void main(String[ ] args){
        Chinese zhang = new Chinese("zhangsan","北京");
        zhang.eat(4);
        Chinese li = new Chinese("140103198912201234","lisi",20,"山西");
        li.eat("面条");
    }
}
```

知识点：

（1）多态。

一般来讲，多态就是多种形态的意思。我们已经知道，利用面向对象的语言编程，主要工作是编写一个个类，每一个类中可能有多个成员方法，这些方法各自对应一定的功能，它们之间是不能重名的，否则在用名字调用时，就会产生歧义和错误。但在实际编程过程中，有时却需要利用这样的“重名”现象提高程序的抽象度和简洁性，这就体现了多态性。多态性允许以统一的风格处理已存在的变量及相关的类。多态性使得用户向系统增加新功能变得容易。继承性和多态性是降低软件复杂性的有效技术。

（2）多态的使用。

例如，一个处理账单的系统，其中有这样三个类：

```
public class Bill {//省略细节}
public class PhoneBill extends Bill {//省略细节}
public class GasBill extends Bill {//省略细节}
```

在处理程序里有一个方法，接受一个 Bill 类型的对象，计算金额。假设两种账单计算方法不同，而传入的 Bill 对象可能是两种中的任一种，所以要用 instanceof 来判断，代码如下：

```
public double calculate(Bill bill) {
    if (bill instanceof PhoneBill) {
    //计算电话账单
    }
```

```
        if (bill instanceof GasBill) {
        //计算燃气账单
        }
        …
    }
```

这样就可以用一个方法处理两种子类。

然而，这种做法通常被认为是没有好好利用面向对象中的多态性。其实上面的功能要求用方法重载完全可以实现，这是面向对象编程应有的做法，避免回到结构化编程模式。只要提供两个名字和返回值都相同，接受参数类型不同的方法就可以了：

```
public double calculate(PhoneBill bill) {
    //计算电话账单
}
public double calculate(GasBill bill) {
    //计算燃气账单
}
```

因此，使用 instanceof 在绝大多数情况下并不是推荐的做法，应当好好利用多态。

(3) 方法重载与重写的区别。

重载是指方法名称相同，参数的个数或者类型不同，重载发生在同一个类中。

重写方法名称相同，参数的个数和类型相同，方法的访问权限不能更严格，重写发生在继承关系中，是由子类进行重写。

·课后练习题 8·

1. 设计一个雇员（Employee）类。

提示：一个雇员有编号（id）、姓名（name）和薪水（salary）信息。

2. 编写一个测试类，生成雇员对象，输出其信息。

3. 为雇员类添加构造方法。

4. 将各属性私有化，并继续完善雇员类，实现如下需求：

(1) 为各属性设置赋值和取值方法。

(2) 使用 detail 方法在控制台输出每本教材的名称和页数。

编写测试类进行测试：为雇员对象的属性赋予初始值，并调用对象的 detail 方法，看看输出是否正确。

5. 在雇员类中添加一个静态变量，用于统计雇员的个数。

6. 在一个公司中，有普通员工和管理人员，管理人员是雇员的一种特殊情况，除了具有雇员属性外还能享受公司分红（bonus）。编写管理人员（Manager）类，继承自 Employee 类。

7. 为雇员类添加加薪（raiseSalary）方法，加薪公式为＝薪水＋薪水 * 比例。在管理人员（Manager）类中重写加薪（raiseSalary）方法，因为管理人员加薪公式为＝薪水＋薪水 * 比例 * 2。

8. 编写一个类，用到上面给出的 objTest（obj）方法，并测试其正确性。

9. 编写代码测试管理人员对象是不是雇员对象。

10. 编写一个类 Book3，代表教材。

提示：

具体属性：名称（title）、页数（pageNum）、种类（type）。

具体方法：detail，用来在控制台输出每本教材的名称、页数、种类。

具有两个带参构造方法：第一个构造方法中，设置教材种类为“计算机”（固定），其余属性的值由参数给定；第二个构造方法中，所有属性的值都由参数给定。

11. 编写测试类 Book3Test 进行测试。

提示：分别以两种方式完成对两个 Book3 对象的初始化工作，并分别调用它们的 detail 方法，看看输出是否正确。

12. 完善上述处理账单的程序。

13. 在管理人员中总经理加薪是 3 倍，部门经理加薪是 2 倍，编程实现不同的加薪方法。

项目 9 理解抽象类、接口和内部类

任务 1 吃饭实例（抽象类）

任务：

有个人从前很爱吃面条，后来喜欢吃米饭了。编写程序测试模拟这个变化过程。

技能目标：

- 理解抽象的含义，会设计抽象类
- 会使用 abstract 修饰符和 final 修饰符

任务分析：

按照面向对象的思想，这个人一开始喜欢吃面条，我们编写面条（Noodle）类，其中包含 cook()方法。

步骤 1：设计一个 Noodle 类

实现代码 9.1：

```
public class Noodle{
        public void cook(){
                System.out.println("面条需要煮");
        }
}
```

步骤 2：抽象出 Person 类

抽象出一个类，来代表人，其中有个 eat()方法，需要一个面条类型作为参数，先传入一个 Noodle 类型的参数。

核心实现代码 9.2：

```
public class Person{
        public void eat(Noodle noo){
                noo.cook();
        }
        public static void main(String args[]){
                Person p = new Person();
```

```
            Noodle noo = new Noodle ();
            p.eat(noo);
        }
    }
```

步骤 3：增加一个 Rice 类

如果这人生活习惯发生变化了，喜欢吃米饭了。那以前的系统怎么办？不要指望系统永远不会变，只能修改。现在增加一个 Rice 类，也有个 cook()方法。

实现代码 9.3：

```
public class Rice{
        public void cook(){
                System.out.println("米饭需要蒸");
        }
}
```

步骤 4：修改核心业务类

实现代码 9.4：

```
public class Person{
        /*原来代码注释掉
        public void eat(Noodle noo){
        noo.cook();
        }
        */
        public void eat(Rice ri){
                ri.cook();
        }
        public static void main(String args[]){
                Person p = new Person();
                Rice ri = new Rice ();
                p.eat(ri);
        }
}
```

步骤 5：编写抽象类 Food

如果以后还有变化，我们的系统会不停地变化。解决的办法是，把食物抽象出来，设计一个 Food 类，但这个类中没有包含足够的信息描绘一个具体的对象，这样的类就是抽象类。

```
public abstract class Food{             //这是一个抽象类,加了 abstract 关键字
        public abstract void cook();    //该方法没有方法体,让子类来实现
}
```

步骤 6：Rice 类和 Noodle 类从 Food 类继承

抽象类主要用来进行类型隐藏。我们可以构造出固定的一组行为的抽象描述，但是这组

行为却能够有任意多个可能的具体实现方式，这一组可能的具体实现则表现在子类中。通过从这个抽象类派生，可扩展此模块的行为功能。

实现代码 9.5：

```
public Rice extends Food{          //继承自抽象类
    public void cook(){
        System.out.println("米饭需要蒸");
    }
}
public Noodle extends Food{        //继承自抽象类
    public void cook(){
        System.out.println("面条需要煮");
    }
}
```

步骤 7：改写核心代码

实现代码 9.6：

```
public class Person{
    private Food food;
    public Person(){
    }
    public Person(Food food){
        this. food = food;
    }
    public void eat (){
        food.cook();
    }
    public void setFood(Food food){            //运用参数多态,以后不管喜欢吃什么都可以
        this. food = food;
    }
    public static void main(String args[]){
        Person p = new Person();
        Noodle noo = new Noodle ();            //刚开始喜欢吃面条吧
        p. setFood(noo);
        p. eat();
        Rice ri = new Rice ();                 //后来喜欢吃米饭了
        p. setFood(ri);
        p. eat();
    }
}
```

知识点：

在 Java 中修饰符分为两种：访问修饰符和非访问修饰符。8.2.1 节中我们已经学习了访问修饰符 public、protected、default 和 private。这一节我们学习非访问修饰符 abstract 和 final。

（1）abstract 修饰符：可用来修饰类和实例成员方法。

● 用 abstract 修饰的类表示抽象类，抽象类不能被实例化。没有用 abstract 修饰的类称为具体类，具体类可以被实例化。

● 用 abstract 修饰的方法表示抽象方法，抽象方法没有方法体。抽象方法用来描述系统的功能，但不提供具体的实现。没有用 abstract 修饰的方法称为具体方法，具体方法必须要有方法体。

①使用 abstract 修饰符需要遵守以下语法规则。

● 抽象类中可以没有抽象方法，但包含了抽象方法的类必须被定义为抽象类。如果子类没有实现父类中所有的抽象方法，那么子类也必须被定义为抽象类，否则编译出错。

● 没有抽象构造方法，也没有抽象静态方法。

```
abstract class Base {
    abstract Base() {}                      //编译出错,构造方法不能是抽象的
    static abstract void method1();         //编译出错,static 和 abstract 修饰符不能连用
    static void method2() {...}             //合法,抽象类中可以有静态方法
}
```

● 抽象类中可以有非抽象的构造方法，创建子类的实例时可能会调用这些构造方法。抽象类不能被实例化，然而可以创建一个引用变量，其类型是一个抽象类，并让它引用非抽象子类的一个实例。

● 抽象类及抽象方法不能被 final 修饰符修饰，即 abstract 与 final 不能连用。因为 abstract 与 final 的作用是恰恰相反的。例如：抽象类只允许创建其子类，而 final 修饰的类不允许拥有子类；抽象方法必须被子类的具体方法来实现，而 final 修饰的方法不允许被子类方法覆盖。

②抽象类不允许被实例化的原因。

● 在语义上，抽象类表示从一些具体类中抽象出来的类型。从具体类到抽象类，这是一种更高层次的抽象。例如：苹果类、香蕉类和橘子类是具体类，而水果类则是抽象类，在自然界并不存在水果类本身的实例，而只存在它的具体子类的实例。

```
Fruit fruit = new Apple();                  //创建一个苹果对象,把它看做是水果对象
```

● 在语法上，抽象类中可以包含抽象方法，如果抽象类可以实例化，那么在访问抽象方法时将无法执行，这是因为抽象方法中没有方法体。由此可见，Java 编译器不允许创建抽象类的实例是必要的。

（2）final 修饰符。

final 关键字是最终的、最后的意思，在程序中可以用来修饰类、成员变量和方法的声明，由该关键字修饰的内容都是不可变的。

①final 数据。

用 final 修饰的变量表示取值不会改变的常量。final 变量都必须显式初始化，否则会导致编译错误。在程序中 final 变量（常量）只能赋值一次。在程序中，一般类内部的成员常量为了方便调用，一般都使用 static 修饰符进行修饰。示例代码如下：

```
public final static int MALE = 0;       //男性
```

```
public final static int FEMALE = 1;        //女性
```

②final 方法。final 关键字也可以修饰方法，final 修饰的方法称作最终方法，最终方法不能被覆盖，也就是不能在子类的内部重写该方法。使用 final 修饰方法，可以在一定程度上提高该方法的执行速度，因为在调用该方法时，就不需要进行覆盖的判断了。

但是 final 不能修饰构造方法。因为方法覆盖仅适用于类的成员方法，而不适用于类的构造方法，父类的构造方法和子类的构造方法之间不存在覆盖关系，因此用 final 修饰构造方法是毫无意义的。父类中用 private 修饰的方法不能被子类的方法覆盖，因此 private 类型的方法默认是 final 类型的。

③final 类。final 关键字也可以修饰类，final 修饰的类称作最终类，最终类不能被继承，也就是该类不能有子类，用于封装实现的细节。final 类内部的每个方法都是 final 方法。

任务2　在主板的接口上安装声卡、网卡（接口）

任务：

电脑主板上有 PCI 插槽，可以把声卡、网卡、显卡都插在 PCI 插槽上，而不用担心哪个插槽是专门插哪个卡的，编程模拟实现将声卡、网卡、显卡插在 PCI 插槽上。

技能目标：

- 会使用 Java 接口编程
- 理解 Java 接口与多态的关系

任务分析：

声卡、网卡、显卡都存在一个共同的方法特征：启动 start()和停止 stop()。但是它们对这些方法有各自不同的实现，因此抽象出 Java 接口 PCI，在其中定义方法 start()和 stop()。

一个 Java 接口是一些方法特征的集合，但没有方法的实现。Java 接口中定义的方法在不同的地方被实现，可以具有完全不同的行为。

步骤1：抽象出接口，定义接口的关键字为 interface

实现代码9.7：

```
public interface PCI {                //Java 接口,相当于主板上的 PCI 插槽的规范
        public void start();
        public void stop();
}
```

步骤2：实现接口

声卡、网卡都实现了PCI 插槽的规范，但行为完全不同，

实现代码9.8：

```
class SoundCard implements PCI{    //实现接口的关键字为 implements
        public void start(){
                System.out.println("Du du...");
        }
        public void stop(){
                System.out.println("Sound stop!");
```

```
        }
}
class NetworkCard implements PCI{
        public void start(){
                System.out.println("Send...");
        }
        public void stop(){
                System.out.println("Network stop!");
        }
}
```

步骤 3：使用接口

运行时，根据实际创建的对象类型调用相应的方法实现。

实现代码 9.9：

```
public class Assembler {
        public static void main(String[] args) {
                PCI nc = new NetworkCard();
                PCI sc = new SoundCard();
                nc.start();
                sc.start();
        }
}
```

更进一步的使用，实现代码 9.10：

```
class MainBoard{
        public void usePCICard(PCI p) {//通过这个方法,主板上可以插入任意符合 PCI 插槽规范的卡
                p.start();
                p.stop();
        }
}
public class Assembler {
        public static void main(String[] args){
                MainBoard mb = new MainBoard();
                PCI nc = new NetworkCard();        //在主板上插入网卡
                mb.usePCICard(nc);                 //可以通过更换实现接口的类来更换系统的实现
                PCI sc = new SoundCard();          //在主板上插入声卡
                mb.usePCICard(sc);                 //可以通过更换实现接口的类来更换系统的实现
        }
}
```

知识点：

（1）接口声明。

在 Java 中，接口只含有一些常量和抽象方法，它不是类，而是一组对类的要求。接口

的声明与类的声明相似，格式如下：

```
[〈修饰符〉] interface〈接口名〉[extends〈接口名〉]
{
  声明常量 1;
  声明常量 2;
  ……
  方法 1;
  方法 2;
  ……
}
```

其中，修饰符只有两种情况：public或省略修饰符。

定义在接口中的常量全部隐含为final和static，不需要在声明常量时加final和static修饰符，这就意味着它们是类常量，不会被实现接口方法的类改变，还必须为这些变量设置初值。

由于接口中的方法都是抽象方法，所以接口可以说是一个完全抽象的类。但一个类中所有的方法都是抽象的，它也不一定是一个接口，因为抽象类中除了抽象方法外，还可能有成员变量。如果接口声明为public，则接口中的方法和变量全部为public。

（2）实现接口。

接口的实现类似于继承，只是不用extends，而是用关键字implements声明一个类将实现一个或多个接口，其声明格式如下：

```
[〈修饰符〉] class〈类名〉[extends〈超类名〉] [implements〈接口名 1〉,〈接口名 2〉, …… ]
```

其中，〈修饰符〉可以是public，也可以省略。如果一个类实现一个接口，则必须实现接口中的所有方法，且方法必须声明为public；如果不能实现某方法，也必须写出一个空方法。如果一个类实现多个接口，则用逗号分隔接口列表。

Java允许多个类实现同一个接口，这些类之间可以是毫无联系的，每个类各有自己实现方法的细节。同时，一个类也能实现多个接口，这就解决了多重继承的问题。

（3）使用接口的原因。

接口是用来规范类的，它可以避免类在设计上的不一致。这在多人合作的开发中尤为重要。使用接口能增加扩展性，当用户增加一个相似的功能时，重写的代码会减少。

比如，为什么电脑有USB接口？因为方便，只有一个接口，可以连接多个外设。Java设计的本意也是一样，提前留好接口。总之，生活中的实际需要是产生接口的原因。

任务3 报警门的设计（接口和抽象类的应用）

任务：

综合应用抽象类和接口设计一个报警门类。

技能目标：

- 体会接口和抽象类的区别
- 学会在什么情况下使用接口和抽象类

任务分析：

假设在我们的问题领域中有一个关于门（Door）的抽象概念，该 Door 具有两个动作 open 和 close，此时我们既可以通过抽象类 abstract class 也可以通过接口（interface）来定义一个表示该抽象概念的类型。

步骤 1：分别定义抽象类和接口

实现代码 9.11：

使用 abstract class 方式定义 Door：

```
abstract class Door {
      abstract void open();
      abstract void close();
}
```

使用 interface 方式定义 Door：

```
interface Door {
      void open();
      void close();
}
```

其他具体的 Door 类型（比如防盗门）可以继承（extends）使用抽象类方式定义的 Door，或者实现（implements）使用接口方式定义的 Door。看起来好像使用 abstract class 和 interface 没有大的区别。

任务分析：

如果现在要求 Door 还要具有报警的功能。我们该如何设计针对该例子的类结构呢？

步骤 2：简单地在 Door 的定义中增加一个 alarm 方法

实现代码 9.12：

```
abstract class Door {
      abstract void open();
      abstract void close();
      abstract void alarm();
}
```

或者

```
interface Door {
      void open();
      void close();
      void alarm();
}
```

那么具有报警功能的 AlarmDoor 的定义方式如下：

```
class AlarmDoor extends Door {
      void open() { … }
      void close() { … }
```

```
    void alarm() { … }
}
```

或者

```
class AlarmDoor implements Door{
    void open() { … }
    void close() { … }
    void alarm() { … }
}
```

这种方法有什么问题呢？在门（Door）的定义中把门概念本身固有的行为方法和另外一个概念“报警器”的行为方法混在了一起。这样引起的一个问题是那些仅仅依赖于 Door 这个概念的模块会因为“报警器”这个概念的改变（比如：修改 alarm 方法的参数）而改变，反之亦然。

任务分析：

既然 open、close 和 alarm 属于两个不同的概念，应该把它们分别定义在代表这两个概念的抽象类中。定义方式有：这两个概念都使用 abstract class 方式定义；两个概念都使用 interface 方式定义；一个概念使用 abstract class 方式定义，另一个概念使用 interface 方式定义。显然，由于 Java 语言不支持多重继承，所以两个概念都使用 abstract class 方式定义是不可行的。后面两种方式都是可行的，但是对于它们的选择却反映出对于问题领域中的概念本质的理解，对于设计意图的反映是否正确、合理，我们一一来分析、说明。

如果两个概念都使用 interface 方式来定义，那么就反映出两个问题：第一，我们可能没有理解清楚问题领域，AlarmDoor 在概念本质上到底是 Door 还是报警器？第二，如果我们对于问题领域的理解没有问题，比如：我们通过对于问题领域的分析发现 AlarmDoor 在概念本质上和 Door 是一致的，那么我们在实现时就没有能够正确地揭示我们的设计意图，因为在这两个概念的定义上（均使用 interface 方式定义）反映不出上述含义。

如果我们对于问题领域的理解是：AlarmDoor 在概念本质上是 Door，同时它具有报警的功能。我们该如何来设计、实现来明确地反映出我们的意思呢？前面已经说过，abstract class 在 Java 语言中表示一种继承关系，而继承关系在本质上是“is a”关系。所以对于 Door 这个概念，我们应该使用 abstarct class 方式来定义。另外，AlarmDoor 又具有报警功能，说明它又能够完成报警概念中定义的行为，所以报警概念可以通过 interface 方式定义。

步骤 3：具有报警功能的门的设计

实现代码 9.14：

```
abstract class Door {
    abstract void open();
    abstract void close();
}
interface Alarm {
    void alarm();
}
class AlarmDoor extends Door implements Alarm {
```

```
        void open() { … }
        void close() { … }
        void alarm() { … }
}
```

知识点：

抽象类（abstract class）表示的是“is a”关系，接口（interface）表示的是“like a”关系，大家在选择时可以作为一个依据，当然这是建立在对问题领域的理解上的。如果我们认为 AlarmDoor 在概念本质上是报警器，同时又具有 Door 的功能，那么上述的定义方式就要反过来了。

抽象类和接口相比较，具有如下异同点：

（1）相同点。

● 都代表系统的抽象层，当一个系统使用一颗继承树上的类时，应该尽量把引用变量声明为继承树的上层抽象类型，这样可以提高两个系统之间的松耦合。

● 都不能被实例化。

● 都包含抽象方法，这些抽象方法用于描述系统能提供哪些服务，但不提供具体的实现。

（2）不同点。

在抽象类中可以为部分方法提供默认的实现，从而避免在子类中重复实现它们，这是抽象类的优势，但这一优势限制了多继承，而接口中只能包含抽象方法。由于在抽象类中允许加入具体方法，因此扩展抽象类的功能，即向抽象类中添加具体方法，不会对它的子类造成影响；而对于接口，一旦接口被公布，就必须非常稳定，因为随意在接口中添加抽象方法，会影响到所有的实现类，这些实现类要么实现新增的抽象方法，要么声明为抽象类。

一个类只能继承一个直接的父类，这个父类可能是抽象类，但一个类可以实现多个接口，这是接口的优势，但这一优势是以不允许为任何方法提供实现作为代价的。

任务 4　使用内部类

任务：

使用内部类的方法设计一段程序，输出信息：周扬是短道速滑运动员。

技能目标：

● 学会使用内部类

任务分析：

如果按照过去的方式，我们会定义一个运动员类，再通过继承运动员类定义短道速滑运动员类，然后构造“周扬”这个对象，输出信息。我们在这个任务中使用一种新的方法，在类中再定义类（即内部类），也可以实现继承的目的。

实现代码 9.15：

```
class OuterClass {
        private static String teacherName = "教练李岩";
        private String name;
```

```
    private int age;

    public OuterClass(String name, int age)
    {
        this.name = name;
        this.age = age;
    }

    public String getName()
    {
        return name;
    }
    public void setName(String name)
    {
        this.name = name;
    }

    public int getAge()
    {
        return age;
    }
    public void setAge(int age)
    {
        this.age = age;
    }

    public class Inner
    {
        private String heart = "短道速滑运动员";
        public String getHeart()
        {
            return heart;
        }
        public void setHeart(String h)
        {
            this.heart = h;
        }

        public void print()
        {
            System.out.println(OuterClass.teacherName);
            System.out.println(OuterClass.this.name);
            System.out.println(OuterClass.this.age);
```

```
                        System.out.println(getHeart());
                }
        }
}
public class Test {
        public static void main(String[ ] args)
        {
        OuterClass outer = new OuterClass("周扬", 19);
        OuterClass.Inner inner = outer.new Inner();
        inner.print();
        }
}
```

程序运行结果如下：

```
教练李岩
周扬
19
短道速滑运动员
```

知识点：

（1）内部类。

内部类（Inner Class）是在一个类的内部嵌套定义的类，它可以是其他类的成员，也可以在一个语句块的内部定义，还可以在表达式内部匿名定义。我们把包含内部类的类称为外部类。

根据内部类声明的位置，大致可将其分为两种：一种是类成员式的，就是像属性、方法一样，把一个类声明为另一个类的成员；第二种是局部式的，也就是把类声明在一个方法之中。成员式的内部类又分为静态内部类和非静态内部类，局部式的内部类又分为局部内部类和匿名内部类。

在外部类作用范围之外得到内部类对象的一个方法，那就是利用其外部类的方法创建并返回。语法格式如下：

```
outerObject = new outerClass(Constructor Parameters);
outerClass.innerClass innerObject = outerObject.new InnerClass(Constructor Parameters);
```

内部类具有如下特性：

- 一般用在定义它的类或语句块之内，在外部引用它时必须给出完整的名称。名字不能与包含它的类名相同。
- 可以使用包含它的类的静态和实例成员变量，也可以使用它所在方法的局部变量。
- 可以定义为 abstract。
- 可以声明为 private 或 protected。
- 若被声明为 static，就变成了顶层类，不能再使用局部变量。
- 若想在 Inner Class 中声明任何 static 成员，则该 Inner Class 必须声明为 static。

（2）为什么需要内部类？

- Java 中的内部类和接口加在一起，可以实现多继承。
- 可以使某些编码更简洁。
- 隐藏你不想让别人知道的操作。
- 非静态内部类对象有着指向其外部类对象的引用。

（3）匿名内部类。

在 Java 的事件处理的匿名适配器中，匿名内部类被大量的使用。例如，关闭窗口时加上这样一句代码：

```
frame.addWindowListener(new WindowAdapter()
{public void windowClosing(WindowEvent e)
      {System.exit(0);}
}
);
```

匿名类与其说一个类，不如说它是一个表达式，因为写匿名类是在一个表达式里面写的，所以要注意写完一个匿名类后要在结尾写一个“;”。

提示：匿名内部类由于没有名字，所以它没有构造方法（但是如果这个匿名内部类继承了一个只含有带参数构造方法的父类，创建它的时候必须带上这些参数，并在实现的过程中使用 super 关键字调用相应的内容）。如果用户想要初始化它的成员变量，有下面几种方法：

- 如果是在一个方法的匿名内部类，可以利用这个方法传递参数，这些参数必须被声明为 final。
- 将匿名内部类改造成有名字的局部内部类，这样它就可以拥有构造方法了。
- 在这个匿名内部类中使用初始化代码块。

·课后练习题 9·

1. 有个同学大学毕业参加工作了。为了工作方便，买了一辆 QQ 汽车，后来有钱了，换了一辆奔驰车，请设计一个系统模拟这件事情。

提示：设计一个抽象类车（Driver），有方法 run()，但是没有实现，由子类来实现。设计子类 QQ 车和奔驰（Benz）车类，分别实现 run()方法。设计一个“人”类，具有开车（driver）方法，可以开奔驰，也可以开 QQ。

2. 定义一个立体类接口（Solid），包含一个计算体积的方法（volume）。声明一个球体类和立方体类，分别实现 Solid 接口，实现 volume() 方法，计算它们的体积。

3. 完善报警门程序，给出方法的实现细节。

4. 设计一个收费接口（Charge），具有 charge()方法；定义一个汽车抽象类（Car），具有乘客运输方法 passengerTransport()；然后分别定义公共汽车和出租车类，继承 Car 类同时实现 Charge 接口，公共汽车收费 1 元，能运送 20 位乘客。出租车收费 1.6 元/公里，最多载 3 人，编程实现之。

5. 写出下列代码的运行结果，体会内部类的用法。

```
/**
文件:Goods.java
```

```
说明:内部类使用,体现封装性
**/
interface Contents
{
    int value();
}

interface Destination
{
    String readLabel();
}
//外部类
public class Goods
{
    private class Content implements Contents                    //内部类
    {
        private int i = 11;
        public int value()
        {
            return i;
        }
    }

    protected class GDestination implements Destination   //内部类
    {
        private String label;
        private GDestination(String whereTo)
        {
            label = whereTo;
        }
        public String readLabel()
        {
            return label;
        }
    }

    public Destination dest(String s)                            //类的成员方法
    {
        return new GDestination(s);                              //返回内部类对象
    }
    public Contents cont()                                       //类的成员方法
    {
        return new Content();                                    //返回内部类对象
```

```
        }
}
//声明类
class TestGoods
{
        public static void main(String[ ] args)
        {
                Goods p = new Goods();
                Contents c = p.cont();
                Destination d = p.dest("北京");
                System.out.println("货物的价值为:" + c.value());
                System.out.println("货物将运往:" + d.readLabel());
        }
}
```

项目 10　集合的应用

任务 1　学生信息存储（集合简介）

任务：

寻找一种合适的数据结构来存储学生的信息。

技能目标：

- 掌握 Java 集合框架所包含的基本内容
- 学会使用 ArrayList 存储对象

任务分析：

首先，学生是一个类，各个具体的学生就是学生这个类的对象，那么这么多的学生对象，要放在哪里才合适呢？可能有些读者会想到前面所学的数组。使用数组可以存储一定量的学生数据，但是数组的长度有限，并且不能改变，如果有大量的新生入学，数组是不带扩容的，显然使用数组来存储不确定数量的学生对象是不合适的。

那有没有一种合适的数据结构可以用来存储一组学生对象，它既具有数组的存储特点又可以根据学生的总数自动扩容呢？答案是肯定的，在 Java 的集合框架中，类 ArrayList 就可以轻松地实现学生信息的数据存储。

步骤 1：定义学生类，确定存储对象

实现代码 10.1：

```
public class Student {
      private String stuId;
      private String stuName;
      private int age;
      private char stuGender;
      public Student(String stuId, String stuName, int age, char stuGender) {
            super();
            this.stuId = stuId;
            this.stuName = stuName;
            this.age = age;
            this.stuGender = stuGender;
```

```
    }
    //输出学生信息
    public void getStuInfo() {
        System.out.println(this.getStuName() + "的学号" + this.getStuId() + ",年龄"
                + this.getAge() + ",性别" + this.getStuGender());
    }
    public String getStuId() {
        return stuId;
    }
    public void setStuId(String stuId) {
        this.stuId = stuId;
    }
    public String getStuName() {
        return stuName;
    }
    public void setStuName(String stuName) {
        this.stuName = stuName;
    }
    public int getAge() {
        return age;
    }
    public void setAge(int age) {
        this.age = age;
    }
    public char getStuGender() {
        return stuGender;
    }
    public void setStuGender(char stuGender) {
        this.stuGender = stuGender;
    }
}
```

步骤 2：使用 ArrayList 类对学生信息进行存储

实现代码 10.2：

```
import java.util.*;
public class StudentDB1 {
    public static void main(String[] args) {
        Student stu1 = new Student("2008101", "张晓磊", 20, '男');
        Student stu2 = new Student("2008102", "王文明", 18, '男');
        Student stu3 = new Student("2008103", "杜红娟",19, '女');
        //创建一个 ArrayList 对象 StudentList
        List studentList = new ArrayList();
        //添加学生对象到 StudentList
```

```
                studentList.add(stu1);
                studentList.add(stu2);
                studentList.add(stu3);
        }
}
```

知识点：

(1) Java 集合框架。

数据结构和算法是计算机程序设计的重要组成，对于初学者来说，设计复杂的数据存储结构和算法是有一定难度的。因此，Java 在设计之初就将常用的数据结构和算法封装在已经设计好的方法里，我们不需要再去进行设计，而只要学会如何适当地使用它们就可以了。而 Java 中这些处理数据结构和算法的类，就存放在 Java 的集合框架中，使用这些数据结构和算法，就可以更灵活地组织和操纵数据。

(2) Java 集合框架的基本内容。

Java 的集合框架包括 java.util 包中的很多接口和类，其中比较常用的接口和类如图 10.1 所示。

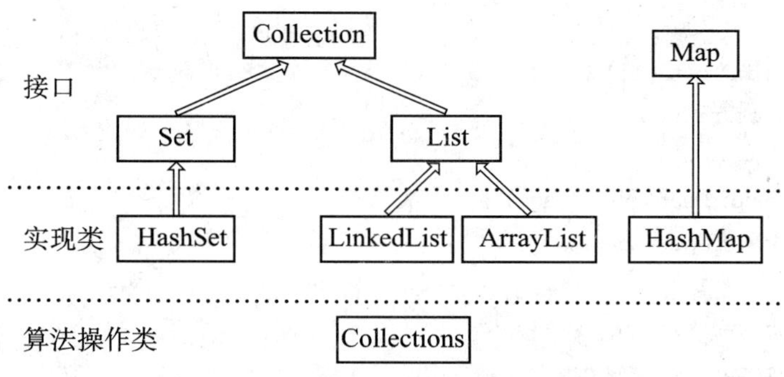

图 10.1　集合框架中常用接口和类

(3) 集合框架中常用接口。

①Collection。Collection 为层次结构中的根接口。Collection 表示一组对象，这些对象也称为集合的元素。

②List。List 接口继承并扩展了 Collection 接口。List 是列表的意思，也就是存放在其中的数据对象是有特定顺序的。它是一个有序的集合，此接口的用户可以对列表中每个元素的插入位置进行精确的控制，可以根据元素的整数索引（索引从 0 开始）访问元素，并搜索列表中的元素。

③Set。Set 接口继承自 Collection 接口。Set 是集合的意思，与数学中集合的定义差不多，是一个不包含重复元素的集合，不包含满足 e1.equals(e2) 的元素对 e1 和 e2，并且最多包含一个 null 元素。也就是说，Set 的特性是包含在其中的元素不可以重复，并且元素没有特定的顺序。

④Map。Map 接口提供键（key）到值（value）的映射。一个映射不能包含重复的键，每个键最多只能映射一个值。Map 接口提供三种视图，允许以键集合、值集合或键-值映射关系集的形式查看某个映射的内容。

(4) 集合框架中常用类。

①ArrayList。ArrayList 是 List 接口的大小可变数组的实现。ArrayList 实现了所有可选列表操作，并允许包括 null 在内的所有元素。每个 ArrayList 实例都有一个容量，该容量用来存储列表元素数组的大小。随着向 ArrayList 中不断添加元素，其容量也自动增长。

②LinkedList。LinkedList 是 List 接口的链表实现。LinkedList 实现所有可选的列表操作，并允许包括 null 在内的所有元素。除了实现 List 接口外，LinkedList 还为列表的开头及结尾 get、remove 和 insert 元素提供了统一的命名方法，这些操作使得 LinkedList 可以被用作堆栈（stack）、队列（queue）或双端队列（deque）。

③HashMap。HashMap 是基于哈希表（散列表）的 Map 接口实现的。HashMap 提供所有可选的映射操作，并允许使用 null 值和 null 键，HashMap 不保证映射的顺序。

④HashSet。HashSet 实现 Set 接口，由哈希表（实际上是一个 HashMap 实例）支持。它不保证集合的迭代顺序，HashSet 允许使用 null 元素。

⑤Collections。Collections 其实是集合类的一个帮助类，Collections 完全由在集合上进行操作或返回集合的静态方法组成，也就是说 Collections 中提供了针对集合进行操作的多种算法实现，例如对集合的排序、搜索等。

注意：ArrayList 和 LinkedList 都是 Link 接口的实现类，两者都可以存储有序元素，它们的差异在于数据访问方式的不同，或者说 ArrayList 和 LinkedList 本质上的区别就是数组和链表这两种数据结构的区别。ArrayList 的内存使用量要大一些，添加删除元素效率较低，但是元素随机访问的效率较高，而 LinkList 使用更灵活，在添加和删除元素时，比 ArrayList 表现更佳。

在实际应用中，应根据数据访问和处理的具体要求来选择到底使用两者中的哪一种来进行数据存储。如果单纯从存储的角度出发，本节任务中的学生信息也可以使用 LinkList 来进行存储。

任务 2　学生信息处理（ArrayList 应用）

任务：

在上一任务的基础上对学生信息进一步处理，处理内容包括添加学生信息、删除学生信息、查询学生信息、对学生信息进行排序等。

技能目标：

- 掌握 ArrayList 的常用方法
- 学会使用 ArrayList 进行复杂数据的存储和处理

10.2.1　在 ArrayList 中添加和删除对象

任务分析：

使用 ArrayList 来存储学生信息，就可以应用 ArrayList 的 add() 和 remove() 方法对学生信息进行添加和删除。

实现代码 10.3：

```
import java.util.*;
```

```
public class StudentDB2 {
    public static void main(String[ ] args) {
        Student stu1 = new Student("2008101", "张晓磊", 20, '男');
        Student stu2 = new Student("2008102", "王文明", 18, '男');
        Student stu3 = new Student("2008103", "杜红娟", 19, '女');
        //创建一个 ArrayList 对象 StudentList
        List studentList = new ArrayList();
        //添加学生对象到 StudentList
        studentList.add(stu1);
        studentList.add(stu3);
        studentList.add(2, stu2);          //将学生对象 stu2 添加到指定位置
        System.out.println("添加后的学生人数为:" + studentList.size() + "人");
        //从 StudentList 中删除学生对象
        studentList.remove(stu2);
        studentList.remove(0);
        System.out.println("删除后的学生人数为:" + studentList.size() + "人");
    }
}
```

程序运行结果如图 10.2 所示。

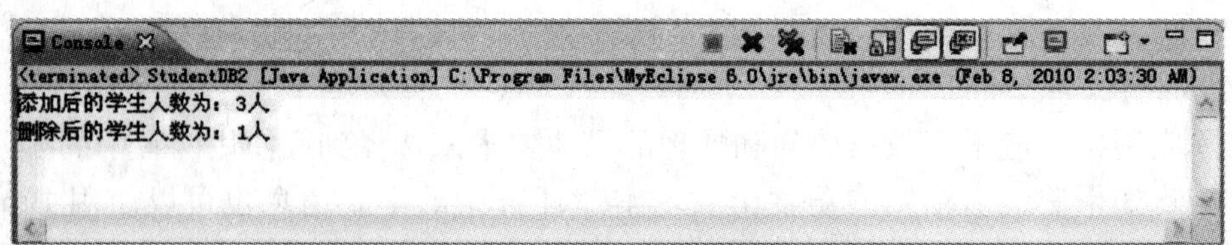

图 10.2　实现代码 10.3 运行结果

知识点：

ArrayList 的常用方法有如下几项：

(1) boolean add(Object o)：该方法功能为将指定的元素追加到此列表的尾部。

(2) void add(int index,Object o)：该方法功能为将指定的元素插入此列表中的指定索引位置。

(3) boolean remove(Object o)：该方法功能为从此列表中移除指定元素的单个实例(如果存在)。

(4) Object remove(int index)：该方法功能为移除此列表中指定索引位置上的元素。

(5) int size()：该方法功能为返回此列表中的元素个数。

10.2.2　在 ArrayList 中查询和修改对象

任务分析：

学生信息的处理中最常见的就是对学生信息的查询和修改，不管是查询或者是修改，一般都要先使用 ArrayList 的 get()方法获取学生对象。

实现代码 10.4：

```
import java.util.*;
public class StudentDB3 {
    public static void main(String[] args) {
        Student stu1 = new Student("2008101", "张晓磊", 20, '男');
        Student stu2 = new Student("2008102", "王文明", 18, '男');
        Student stu3 = new Student("2008103", "杜红娟", 19, '女');
        Student stuTemp;
        List studentList = new ArrayList();
        //添加学生对象到 StudentList
        studentList.add(stu1);
        studentList.add(stu2);
        studentList.add(stu3);
        //判断学生对象 stu2 是否已经成功添加
        if (studentList.contains(stu2))
            System.out.println("该生信息已经成功添加");
        else
            System.out.println("该生信息不存在");
        //替换学生对象 stu3 的信息
        stuTemp = new Student("2008105", "杜红娟", 19, '女');
        studentList.set(2, stuTemp);
        //输出所有学生信息
        System.out.println("---------全体学生信息---------");
        for (int i = 0; i < studentList.size(); i++) {
            stuTemp = (Student) studentList.get(i);
            stuTemp.getStuInfo();
        }
        //查询姓名为张晓磊的学生信息
        System.out.println("---------张晓磊的信息---------");
        for (int i = 0; i < studentList.size(); i++) {
            stuTemp = (Student) studentList.get(i);
        if ((stuTemp.getStuName()).equals("张晓磊"))
            stuTemp.getStuInfo();
    }
    //将学号为 2008102 的学生姓名修改为王明
    System.out.println("-------修改后的学生信息--------");
    for (int i = 0; i < studentList.size(); i++) {
        stuTemp = (Student) studentList.get(i);
        if ((stuTemp.getStuId()).equals("2008102")){
            stuTemp.setStuName("王明");
            stuTemp.getStuInfo();
          }
```

```
            }
        }
}
```

程序运行结果如图 10.3 所示。

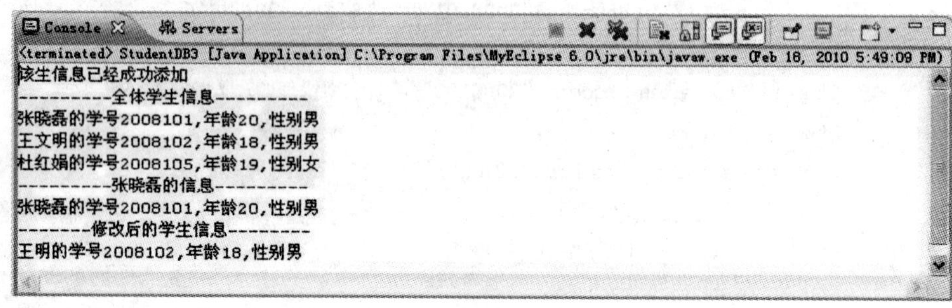

图 10.3　实现代码 10.4 运行结果

知识点：

ArrayList 的常用方法有如下几项：

(1) boolean contains(Object o)：该方法返回值为 boolean 型，如果此列表中包含指定的元素，则返回 true。

(2) Object set(int index，Object o)：该方法功能为用指定的元素替代此列表中指定索引位置上的元素。

(3) Object get(int index)：该方法功能为返回此列表中指定索引位置上的元素。需要注意的是，该方法的返回值为 Object 类型，因此在取出对象以后，需要将取出的对象进行强制类型转换。

10.2.3　ArrayList 的遍历（迭代）

任务分析：

在上一小节进行学生信息的查询和修改时，我们对 ArrayList 中的元素进行了遍历操作，使用的方法是在循环中借助 ArrayList 的 get 方法。其实还有另外一种更有效的遍历方式，就是使用 Iterator 对象。

实现代码 10.5：

```
import java.util.*;
public class StudentDB4 {
    public static void main(String[] args) {
        Student stu1 = new Student("2008101", "张晓磊",20, '男');
        Student stu2 = new Student("2008102", "王文明",18, '男');
        Student stu3 = new Student("2008103", "杜红娟",19, '女');
        List studentList = new ArrayList();
        Student stuTemp;
        //添加学生对象到 StudentList
        studentList.add(stu1);
        studentList.add(stu2);
```

```
12              studentList.add(stu3);
13              //遍历 studentList,输出所有学生信息
14              System.out.println("----------全体学生信息----------");
15              Iterator iter = studentList.iterator();
16              while (iter.hasNext()) {
17                      stuTemp = (Student) iter.next();
18                      stuTemp.getStuInfo();
19              }
20          }
21  }
```

程序运行结果如图 10.4 所示。

图 10.4　实现代码 10.5 运行结果

知识点：

（1）Iterator 接口。

在 java.util 包中提供了 Iterator 接口，Iterator 接口提供了遍历一系列元素的标准方式。或者说 Iterator 是对集合进行迭代的迭代器，可以对 Collection 对象中的数据进行逐个的读取。

（2）Iterator 接口定义的方法。

①boolean hasNext()：该方法用来检查是否仍有元素可以迭代，有则返回 true。

②Object next()：该方法返回迭代的下一个元素。

③void remove()：该方法从迭代器指向的集合中移除迭代器返回的最后一个元素。

（3）迭代器的使用步骤（请与本小节实现代码的第 15～19 行对照）。

①使用 Collection 对象中的 Iterator 方法获取一个 Iterator 对象。

②将 Iterator 对象的 hasNext 方法当做循环条件，来检查是否有元素可以迭代。

③在循环中使用 Iterator 对象的 next 方法来取得元素。需要注意的是，next 方法的返回值为 Object 类型，因此在取出对象以后，需要将其转换为所存储的类对象。

10.2.4　ArrayList 的排序

任务分析：

要对 ArrayList 中的学生对象按照年龄进行排序，应该如何处理呢？一般来说，ArrayList 中元素的顺序就是添加时的顺序，要进行排序，考虑调用 ArrayList 的方法，但是 ArrayList 没有用于排序的方法，那这个问题如何解决呢？在本项目任务 1 中我们曾经学习过 Collections，它是集合类的一个帮助类，Collections 中提供了针对集合进行操作的多种算法实现，其中就包括排序。

步骤 1：修改学生类，实现 Comparable 接口。

实现代码 10.6：

```
1    public class Student implements Comparable {
2          ……//略,与原代码一致,见实例代码 10.1
3          //Comparable 接口要求实现的方法
4          public int compareTo(Object arg0) {
5                int i = 1;
6                if (arg0 instanceof Student) {
7                      Student stu = (Student) arg0;
8                      i = this.getAge() - stu.getAge();
9                }
10               return i;
11         }
12   }
```

知识点：

使用 Collections 对 ArrayList 进行排序有一个前提条件，就是要求 ArrayList 中的元素要实现 Comparable 接口，针对当前任务来说就是首先学生类要实现 Comparable 接口（参见实现代码第 1 行及第 3～11 行）。

Comparable 接口中要求实现的方法是 int compareTo(Object arg0)，该方法的功能是比较当前对象与指定对象（arg0）的大小。如果当前对象小于、等于或大于指定对象，则分别返回负整数、零或正整数。

步骤 2：使用 Collections 的 sort 方法，对 ArrayList 进行排序。

实现代码 10.7：

```
import java.util.*;
public class ArrayListSort {
      public static void main(String[] args) {
            Student stu1 = new Student("2008101", "张晓磊", 20, '男');
            Student stu2 = new Student("2008102", "王文明", 18, '男');
            Student stu3 = new Student("2008103", "杜红娟", 19, '女');
            Student stuTemp;
            List studentList = new ArrayList();
            //添加学生对象到 StudentList
            studentList.add(stu1);
            studentList.add(stu2);
            studentList.add(stu3);
            System.out.println("---------排序前全体学生信息---------");
            for (int i = 0; i < studentList.size(); i++) {
                  stuTemp = (Student) studentList.get(i);
                  stuTemp.getStuInfo();
            }
            //按年龄进行排序
```

```
            Collections.sort(studentList);
            System.out.println("---------排序后全体学生信息---------");
            for (int i = 0; i < studentList.size(); i++) {
                stuTemp = (Student) studentList.get(i);
                stuTemp.getStuInfo();
            }
        }
}
```

程序运行结果如图 10.5 所示。

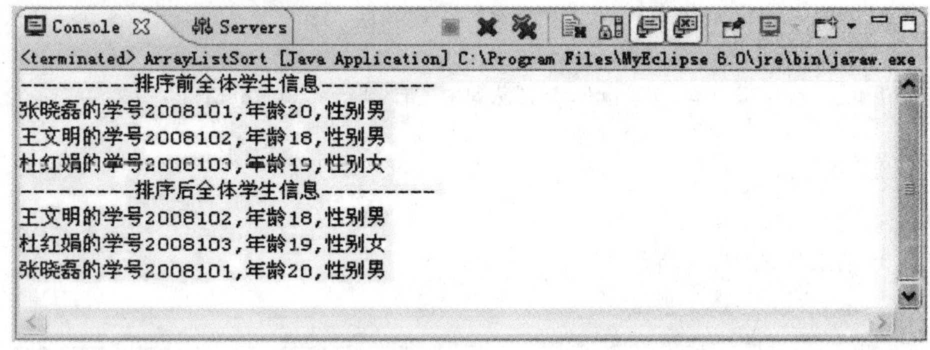

图 10.5　实现代码 10.7 运行结果

知识点：

Collections 的 sort 方法可以对指定列表进行升序排序，但前提是该列表中的所有元素都必须实现 Comparable 接口。

任务 3　顾客排队（LinkedList 应用）

任务：

模拟顾客排队的情况。

技能目标：

- 掌握 LinkedList 的常用方法
- 学会使用 LinkedList 组织和处理数据

任务分析：

首先考虑用什么样的数据结构来存储和处理排队的问题。顾客排队的基本原则就是“先进先出”或者说“先来先服务”，也就是说，最早进入队列的最先离开，而且队列只允许在队头删除（出队），在队尾插入（入队）。根据排队问题的这些特点，Java 中最适合用来处理这一问题的数据结构就是 LinkedList。

实现代码 10.8：

```
import java.util.*;
public class CustomerQueue {
    public static void main(String[] args) {
```

```
        LinkedList customerList = new LinkedList();
        //顾客入队
        System.out.println("----------------顾客入队过程----------------");
        for (int i = 1; i < 6; i++) {
            customerList.addLast("顾客" + i);
            System.out.println(customerList);
        }
        //顾客出队
        System.out.println("\n----------------顾客出队过程----------------");
        for (int i = 1; i < 6; i++) {
            System.out.print("顾客" + i + "出队 ");
            customerList.removeFirst();
            System.out.println("队列中还有" + customerList);
        }
    }
}
```

程序运行结果如图 10.6 所示。

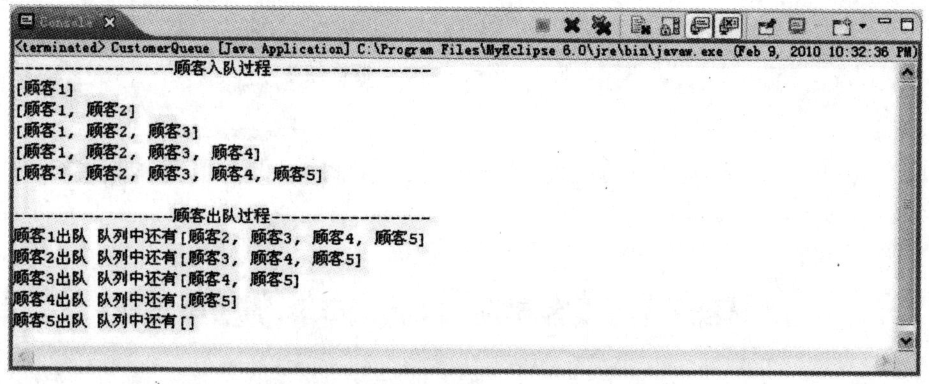

图 10.6 实现代码 10.8 运行结果

知识点：

(1) LinkedList。

在本项目任务 1 已经介绍过 LinkedList 是 List 接口的链表实现，LinkedList 类在 Java 中用于创建链表数据结构对象，链表中每个节点之间的关联关系如图 10.7 所示。除了含有数据之外，链表中的每个节点都含有上一节点的引用和下一节点的引用。

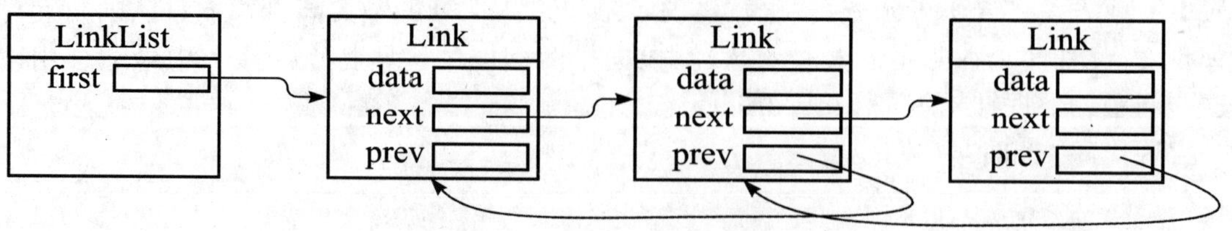

图 10.7 LinkList 链表数据结构

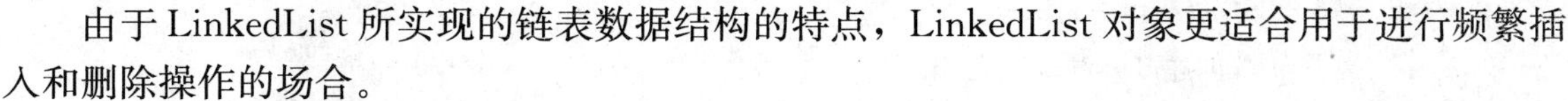

由于 LinkedList 所实现的链表数据结构的特点，LinkedList 对象更适合用于进行频繁插入和删除操作的场合。

（2）LinkedList 的常用方法。

LinkedList 和 ArrayList 同样都是 List 接口的实现类，两者有很多常用方法非常相似，因此我们只介绍 LinkedList 的一些特殊方法。

①void addFirst(Object o)：将给定元素插入此列表的开头。

②void addLast(Object o)：将给定元素追加到此列表的尾部。

③Object getFirst()：返回此列表的第一个元素。

④Object getLast()：返回此列表的最后一个元素。

⑤Object removeFirst()：移除并返回此列表的第一个元素。

⑥Object removeLast()：移除并返回此列表的最后一个元素。

任务 4　商品价格处理（HashMap 应用）

任务：

实现一个确定商品价格的应用程序。根据商品新旧程度来确定商品的折扣，再依据商品原价和折扣计算商品实际价格。新旧程度可描述为以下几种情况：全新、很新、一般、很旧。商品新旧程度和折扣之间的关系如下：

- 全新（mint）：原价九折。
- 很新（near mint）：原价七折。
- 一般（good）：原价五折。
- 很旧（poor）：原价三折。

技能目标：

- 掌握 HashMap 的常用方法
- 学会使用 HashMap 组织和处理数据

任务分析：

本任务的困难之处在于需要将商品的新旧程度与其折扣进行关联，也就是说要将“全新（mint）”、“一般（good）”等文本与具体的折扣数值相关联。因此，本任务的解决仍然归结到一个老问题上，就是使用什么样的数据结构来存储这样的数据。

其实我们可以将关联看作是键（新旧程度）到值（折扣）的映射，那么很自然的就会想到在 Java 的集合框架中 Map 接口就是这样的数据结构，可以使用 Map 接口的实现类 HashMap 来解决这一问题。

实现代码 10.9：

```
import java.util.*;
public class CommodityPrice {
      public static void main(String[] args) {
            float discount1 = 0.9f;
            float discount2 = 0.7f;
            float discount3 = 0.5f;
```

```
        float discount4 = 0.3f;
        //创建 HashMap 散列表
        HashMap discount = new HashMap();
        discount.put("mint", discount1);
        discount.put("near mint", discount2);
        discount.put("good", discount3);
        discount.put("poor", discount4);
        //创建 com 对象,用于存储商品
        Commodity com[] = new Commodity[2];
        com[0] = new Commodity("00100", "doll", "mint", 120.0f);
        com[1] = new Commodity("00110", "building blocks", "good", 65.0f);
        //计算商品实际价格
        com[0].setPrice((Float) discount.get(com[0].getCondition()));
        com[1].setPrice((Float) discount.get(com[1].getCondition()));
        //输出商品信息及价格
        for (int i = 0; i < com.length; i++) {
            System.out.println("CommodityId:" + com[i].getCommodityId());
            System.out.println("CommodityName:" + com[i].getCommodityName());
            System.out.println("Condition:" + com[i].getCondition());
            System.out.println("Condition:" + com[i].getOriginalPrice());
            System.out.println("Price: ¥" + com[i].getPrice() + "\n------------------");
        }
    }
}

class Commodity {
    private String commodityId;
    private String commodityName;
    private String condition;
    private float originalPrice;
    private float price;
    public Commodity(String commodityId, String commodityName,
            String condition, float originalPrice) {
        super();
        this.commodityId = commodityId;
        this.commodityName = commodityName;
        this.condition = condition;
        this.originalPrice = originalPrice;
    }
    public String getCommodityId() {
        return commodityId;
    }
    public void setCommodityId(String commodityId) {
```

```
        this.commodityId = commodityId;
    }
    public String getCommodityName() {
        return commodityName;
    }
    public void setCommodityName(String commodityName) {
        this.commodityName = commodityName;
    }
    public String getCondition() {
        return condition;
    }
    public void setCondition(String condition) {
        this.condition = condition;
    }
    public float getOriginalPrice() {
        return originalPrice;
    }
    public void setOriginalPrice(float originalPrice) {
        this.originalPrice = originalPrice;
    }
    public float getPrice() {
        return price;
    }
    public void setPrice(float discount) {
        price = originalPrice * discount;
    }
}
```

程序运行结果如图 10.8 所示。

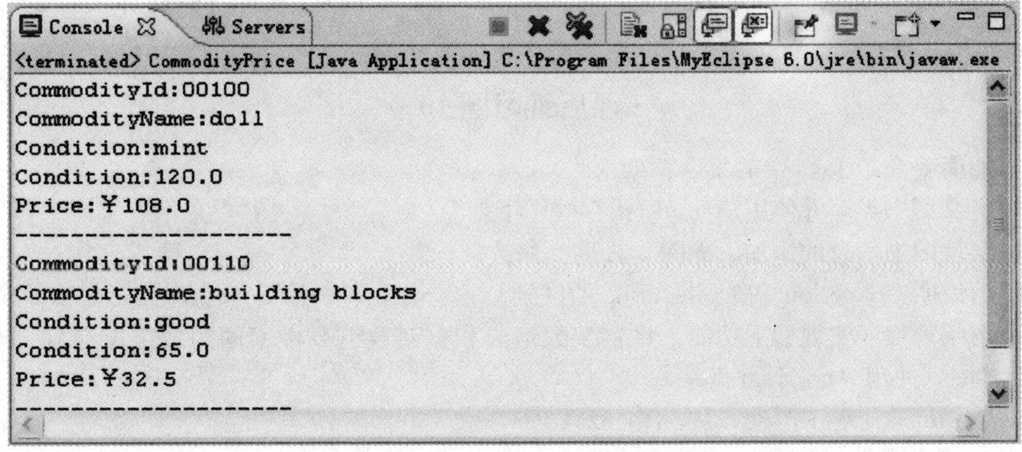

图 10.8　实现代码 10.9 运行结果

知识点：

（1）散列表（哈希表）。

在前面学习过的例如 ArrayList、LinkedList 等实现的数据结构中，其中的元素及其在结构中的相对位置是随机的，或者说元素和位置之间不存在确定的关系。因此，查找元素时需要进行一系列和元素关键字的比较。那么，有没有一种结构可以不经过任何比较，一次存取就能找到所查元素呢？如果想达到这样的效果，就必须在元素的存储位置和元素的关键字之间建立一个确定的对应关系（映射关系），查找时只要根据对应关系使用相关的关键字就能找到存储的数据，这样的数据结构称之为散列表或哈希表。

（2）HashMap。

Java 集合框架中的 Map 接口提供键（key）到值（value）的映射，一个映射不能包含重复的键，每个键最多只能映射一个值。HashMap 继承 Map 接口，用来创建散列表对象，HashMap 允许使用 null 值和 null 键。

（3）HashMap 的常用方法。

①boolean containsKey(Object key)：如果此映射包含对于指定键的映射关系，则返回 true。

②boolean containsValue(Object value)：如果此映射将一个或多个键映射到指定值，则返回 true。

③Object get(Object key)：该方法返回指定键在此哈希映射中所映射的值，如果对于此键来说，映射不包含任何映射关系，则返回 null。

④Set keySet()：该方法将此映射中所有的 key 放在一个 set 中返回，即返回键的集合。

⑤Object put(Object key,Object value)：该方法功能为在此映射中关联指定值与指定键，即将键-值对放入映射中。

⑥Object remove(Object key)：如果此映射中存在该键的映射关系，则将其删除。

⑦Collection values()：该方法将此映射中所有的 value 放在一个 collection 中返回，即返回值的集合。

注意：HashMap 中的 key 必须是唯一的，而且每个 key 只能映射一个 value。如果要添加的键-值对和已有键-值对的键相同而值不相同的话，已有键-值对将被新加入的键-值对覆盖。

·课后练习题 10·

1. 请简要介绍 Java 中的集合框架。
2. 定义图书类，并使用 ArrayList 存储图书信息。
3. 实现图书信息的添加、删除、查询、修改。
4. 请说明 Collection 和 Collections 的区别。
5. 请编写程序实现如下功能：将整型数组 a 和整型数组 b 中不同的数字保存到一个新的数组 c 中（使用 ArrayList 解决）。

如有：int a[]={18, 56, 34, 47, 52};

　　　int b[]={18,34,88,52,90};

则有：int c[]={56,47,88,90};

提示：首先，将数组 a 中数据放置到 ArrayList 对象中；其次，判断 b 中元素是否出现在该 ArrayList 对象中，若有则从该对象中去掉，若无则加入；最后，将 ArrayList 中数据放到数组 c 中。

6. 请说明 ArrayList 和 LinkedList 的存储性能和特性。

7. 将图书信息使用 LinkedList 存储，并完成如下要求：

(1) 将新的图书信息添加到列表的第一项，并返回。

(2) 删除最后一本图书的信息。

8. 下面 Java 代码的运行结果是（　　）

```
import java.util.*;
public class Demo {
    public static void main(String[] args) {
        HashMap example = new HashMap();
        example.put("1001", "张三");
        example.put("1001", "李四");
        example.put("1001", "王五");
        System.out.println(example);
}
```

A. {1001＝张三}　　　　B. {1002＝李四，1003＝王五，1001＝张三}

C. {1001＝王五}　　　　D. 运行时出现异常

9. 创建一个 HashMap 对象，存放学生信息和学号，以学号为键，值为学生信息，也就是说每个 Student 对象以该对象的学号为关键字，最后输出所有学生信息。

项目 11　深入理解 AWT 和 Swing

任务 1　创建输入用户信息界面的主窗体（JFrame）

任务：

制作如图 11.1 所示的输入用户信息的窗体。

图 11.1　输入用户信息界面的主窗体

技能目标：

- 理解 JFrame 的作用
- 掌握窗体的创建方法和 JFrame 类的各种方法
- 会编写代码创建窗体

任务分析：

创建 JFrame 窗体有两种方式：一种是直接创建 JFrame 对象；另一种是定义一个继承 JFrame 的子类。我们采用继承 JFrame 的方法。

用 Swing 中的 JFrame 类或它的子类创建的对象就是 JFrame 窗体。

步骤 1：导入包

实现代码 11.1：

```
//导入 Swing 包
```

```
import javax.swing.*;
//大部分 Swing 程序用到了 AWT 的基础底层结构、布局管理器和事件模型,因此还需要导入两个包
import java.awt.*;
import java.awt.event.*;
```

知识点：

AWT(Abstract Window Toolkit) 是 Java 最早的用于编写图形界面应用程序的开发包。利用 AWT 来构建图形用户界面，实际上是在利用操作系统所提供的图形库。由于不同操作系统的图形库所提供的功能是不一样的，而且不同系统平台的图形界面外观设计各有差异，Java 程序的图形用户界面在不同的平台上可能出现不同的运行效果，其外观取决于具体的平台，通常把 AWT 组件称为重量级组件。

Swing 是在 AWT 的基础上构建的一套新的图形界面系统，它提供了 AWT 所能够提供的所有功能，并且用 100％的 Java 代码对 AWT 的功能进行了大幅度的扩充，可见 Swing 比标准 AWT 组件拥有更强大、更灵活的功能。由于在 Swing 中没有使用本地方法来实现图形功能，Swing 组件大部分都是在 AWT 基础上由纯 Java 程序编写而成（只有四个顶层容器不是)，因此，我们可以使用 Swing 编写出跨平台的桌面程序，通常把 Swing 组件称为轻量级组件。

步骤 2：创建主窗体

实现代码 11.2：

```
public class UserJFrame extends JFrame {
    public UserJFrame() {
        super("输入用户信息");
        this.setBounds(300, 150, 320, 250);
        this.setVisible(true);
      this.setDefaultCloseOperation(EXIT_ON_CLOSE); //单击窗口关闭按钮时,结束程序运行
    }
    public static void main(String arg[]) {
        new UserJFrame();
    }
}
```

知识点：

窗体是 GUI 编程的基础，每个 GUI 程序都必须至少包含一个窗体。其他组件必须依附于窗体才能显示。

JFrame 是通常意义上的窗体，是 Swing 中最常用的顶层容器，可以添加其他容器和其他组件。如图 11.1 所示，JFrame 支持窗体周边的框架、标题栏以及最大化、最小化和关闭按钮。

（1）JFrame 类的构造方法。

①JFrame( )：创建无标题的窗体，如图 11.2 所示。

图 11.2　无标题的窗体

②JFrame(String title)：创建有标题文字的窗体，参数是个字符串，表示窗体的标题。例如：

```
JFrame("输入用户信息");      //生成如图 11.1 所示，标题为"输入用户信息"的窗体
```

一个 JFrame 刚被创建后，其初始大小为（0，0），而且是不可见的，所以为了使 JFrame 显示出来，必须有以下两步：

a. 用 setSize()方法或 setBounds()方法设置窗体的大小。

b. 所有的组件与事件处理都设置完成之后，使用 setVisible( )方法，设定其参数为 true 来显示窗体。

（2）JFrame 类的常用方法。

①void setTitle(String title)：将参数串设置为窗体标题。

②void setBounds(int x,int y,int width,int height)：设置窗体大小。参数 x 和 y 指定窗体左上角位置，参数 width、height 分别指定窗体的宽度和高度，单位像素。例如：

```
setBounds(300, 150, 320, 250);   //设置窗体左上角位置(300,150),大小 320×250 像素
```

③void setLocation(int x,int y)：设置窗体的左上角位置，参数 x 和 y 指定窗体左上角出现在屏幕的位置。例如：

```
setLocation(300, 150);          //设置窗口左上角位置在屏幕的水平 300 像素、垂直 150 像素位置
```

窗体的左上角位置默认为（0，0）。

④void setSize(int width,int height)：设置窗体大小，参数 width、height 分别指定窗体的宽度和高度，单位像素。例如：

```
setSize(320, 250));             //设置窗口大小为 320×250 像素
```

⑤void setResizable(boolean resizable)：设置窗体是否可由用户调整大小。参数 resizable 取值 true，则不能改变窗口大小，取值 false，则可以改变，默认值为 true。

⑥Container getContentPane( )：尽管 JFrame 窗体是一个容器，但却不能直接添加组件到其中，JFame 窗体含有一个称为内容面板的 Container 对象，即容器，应当把组件添加到其内容面板中。该方法就是用来获取窗体的内容面板。例如：

```
Container panel = this. getContentPane( );     //获取当前窗体的内容面板
```

JFrame 窗体有一个基本的结构：窗体的北面是一个很窄的矩形区域，称为菜单条区域，用来放置菜单条，菜单条区域下面的区域用来放置窗体的内容面板，如图 11. 3 所示的窗体。如果窗体没有添加菜单条，则菜单条区域将被内容面板占领，如图 11. 1 和 11. 2 所示的窗体都只有一个区域，是内容面板的区域。

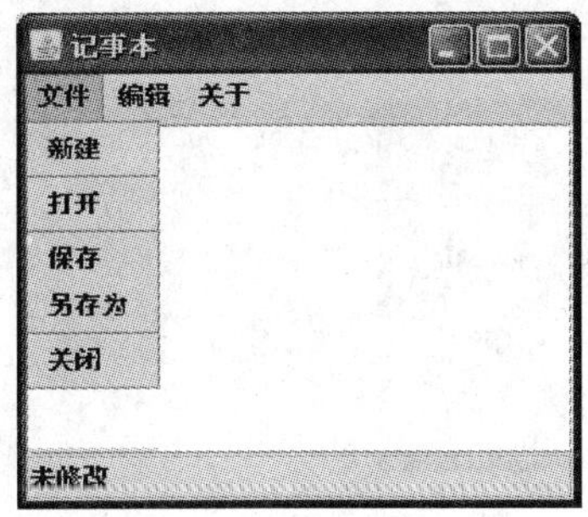

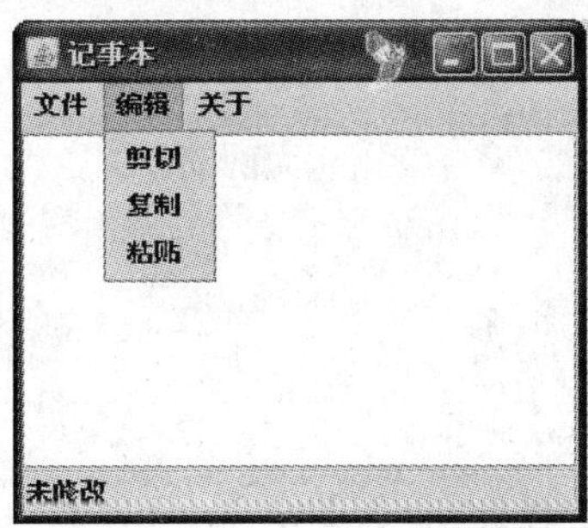

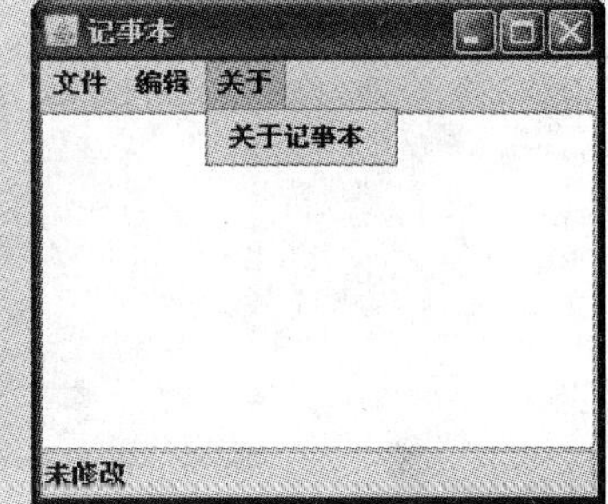

图 11. 3　记事本界面

⑦void setVisible(boolean b)：通过参数 b 设置窗口可见或不可见，b 取值 true 则可见，取值 false 则不可见，默认为不可见。

注意： 一定要在图形界面的其他功能都设置好之后才能设置窗体的可见性。

⑧void setDefaultCloseOperation(int operation)：用来设定单击窗体的关闭按钮时所该采取的动作。参数 operation 来指定动作，它的可取值及含义如下：

- DO_NOTHING_ON_CLOSE：不执行任何操作
- HIDE_ON_CLOSE：隐藏窗体
- DISPOSE_ON_CLOSE：隐藏窗体并释放窗体占有的资源
- EXIT_ON_CLOSE：结束窗体所在的应用程序

默认是 HIDE_ONE_CLOSE，也就是隐藏窗体，但并不结束程序。在本节任务中设定参数值为 EXIT_ON_CLOSE，可以直接结束程序。

任务 2　对输入用户信息界面进行布局设计（布局管理器）

任务：

设计如图 11. 4 所示的界面布局。

技能目标：

- 理解布局管理器
- 掌握布局管理器 BorderLayout、FlowLayout、GridLayout 的布局方式
- 会使用各种布局管理器设计界面布局

任务分析：

我们希望看到窗口中组件按照一定的格式排列整齐、美观，这就需要进行布局设计来控制组件在容器中的位置，这项工作由布局管理器来完成。每个 Container 对象都有一个与它

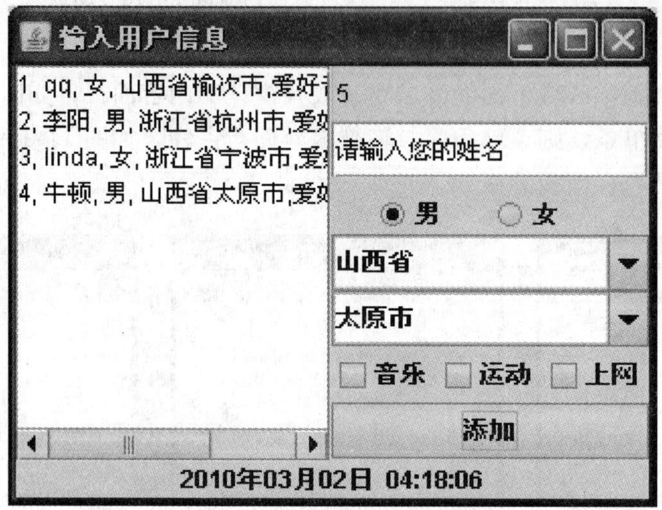

图 11.4　输入用户信息界面

相关的布局管理器，也可以通过 setLayout()方法为容器选择不同的布局管理器来决定其布局方式。JPanel 是常用的容器，可以在布局管理器的管理下，通过 add()方法放入任意的组件。

图 11.4 的界面整个区域是一个内容面板，由上下不同的两部分组成，可以使用边界布局。边界布局可以把整个空白区域分成 5 个区域：NORTH，SOUTH，EAST，WEST 和 CENTER。图中上面的大区域是 CENTER 区域，下面的小区域是 SOUTH 区域（其余三个区域不需要，被 CENTER 占领）。

CENTER 区域看起来分成了大小完全相同的左右两部分，所以要在 CENTER 区域放入一个 JPanel，使用 1 行 2 列的网格布局，第二列可以使用 7 行 1 列的网格布局放入一个 JPanel。

边界布局的每个区域以及网格布局的每个网格只能放置一个组件，而图 11.4 中的单选按钮和复选框所在的网格有多个组件。这两个网格中各放置一个 JPanel，JPanel 中顺序放入各组件，使用顺序布局和网格布局二者皆可。

步骤 1：获取主窗体的内容面板，设置其布局方式为边界布局，CENTER 区放入一个 JPanel 面板，SOUTH 区，放入一个标签。

实现代码 11.3：

```
Container contentPanel = this.getContentPane();
contentPanel.setLayout( new BorderLayout());
JPanel panel = new JPanel( );
contentPanel.add(panel, BorderLayout.CENTER);
JLabel stateBar = new JLabel(curTime); //curTime 是表示当前时间的字符串
contentPane.add(stateBar, BorderLayout.SOUTH);
```

步骤 2：设置 CENTER 区 panel 的布局方式为 1×2 的网格布局，依次放入一个文本域（应该带滚动条，此处省略，具体见下一个任务）和一个 JPanel 面板。

实现代码 11.4：

```
panel.setLayout (new GridLayout(1, 2));
```

```
JTextArea_text_user = new JTextArea( );
panel.add(text_user);
JPanel panel_right = new JPanel( );
panel.add(panel_right);
```

步骤 3：设 panel _ right 的布局方式为 7×1 的网格布局，依次放入各个组件。

实现代码 11.5：

```
panel_right = new panel_right.setLayout(new GridLayout(7, 1));
//右窗格的用户输入区网格布局 7×1
JTextField text_number = new JTextField( );                              //编号文本框
JTextField text_name = new JTextField( );                                //姓名文本框
//放单选按钮的子面板,流布局,左对齐
JPanel panel_radio new JPanel(new FlowLayout(FlowLayout.LEFT, 20, 5));
JComboBox combobox_province = new JComboBox( );                          //省份组合框
JComboBox combobox_city = new JComboBox( );                              //城市组合框
//放复选框的面板,1 行 3 列网格布局,该面板中放 3 个复选框
JPanel panel_checkbox = new JPanel(new GridLayout(1, 3));
panel_right.add(text_number);
panel_right.add(text_name);
panel_right.add(panel_radio );
panel_right.add(panel_checkbox);
panel_right.add(combobox_province);
panel_right.add(combobox_city);
JButton button_add  =  new JButton("添加");
panel_right.add(button_add);
```

知识点：

布局管理器是一个实现了 LayoutManager 接口的任何类的实例，几乎所有的布局管理器类都在 java. awt 包下。

每个容器都有设定布局管理器的方法：void setLayout（LayoutManager mgr）。或者可以在创建容器时，通过容器类的构造函数的参数来设置布局管理器。

下面逐个介绍几种常用的布局管理器。

1. FlowLayout（流布局管理器，也叫顺序布局管理器）

FlowLayout 布局下组件的放置规律是根据容器宽度从上到下、从左到右进行放置，非常类似于段落中的文本行。

创建流布局管理器类对象的方法有如下三种。

（1）FlowLayout(int align，int hgap，int vgap)。

①参数 align 指定组件的对齐方式，其值必须是以下五个其中之一：

- FlowLayout. LEFT，表示组件在所在行中居左对齐。
- FlowLayout. RIGHT，表示组件在所在行中居右对齐。
- FlowLayout. CENTER，组件在所在行中居中对齐。

● FlowLayout. LEADING，表示每行组件都与容器开始边对齐。例如，对于从左到右的方向，则与左边对齐。）

● FlowLayout. TRAILING，表示每行组件都与容器结束边对齐。例如，对于从左到右的方向，则与右边对齐。

②参数 hgap，指定组件之间以及组件与 Container 的边之间的水平方向上的间隔。

③参数 vgap，指定组件之间以及组件与 Container 的边之间的垂直方向上的间隔。

三个参数 align、hgap、vgap 的单位都是像素。这五种对齐方式下容器中组件的排列效果依次对应到图 11.5（a）～（e）。

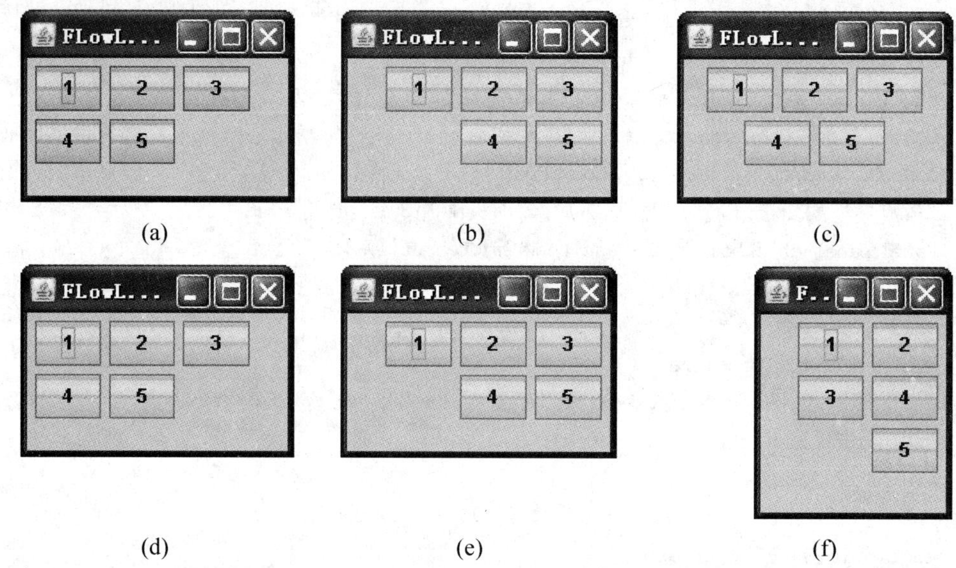

图 11.5　流布局所指定组件的不同对齐方式下的效果图和窗口改变大小的效果图

（2）FlowLayout(int align)。

只指定对齐方式，横向间隔和纵向间隔都是缺省值五个像素。

（3）FlowLayout( )。

FlowLayout 是 JPanel 的默认布局方式。采用默认的对齐方式是居中对齐，水平和垂直间隙是五个像素单位。

当容器的大小发生变化时，用 FlowLayout 管理的组件会发生变化，其变化规律是：组件的大小不变，但是相对位置会发生变化。例如，有三个按钮都处于同一行，但是如果把该窗口变窄，窄到刚好能够放下一个按钮，则第二个按钮将折到第二行，第三个按钮将折到第三行。按钮间的左右位置变成了上下位置。图 11.5（f）就是图 11.5（e）的窗口大小改变后组件的排列。

2. BorderLayout（边界布局管理器）

BorderLayout 布局管理器简单地把容器分成五个区域：NORTH，SOUTH，EAST，WEST 和 CENTER，每个区域只能放置一个组件。各个区域的位置及大小如图 11.6 所示。

创建边界布局管理器类对象的方法有：

● BorderLayout( );　　　　　　　　　//创建如图 11.6 所示没有间距的边界布局

● BorderLayout(5,5);

//创建如图 11.7 所示水平和垂直间距都是五像素的边界布局，两个参数分别指定水平间距和垂直间距

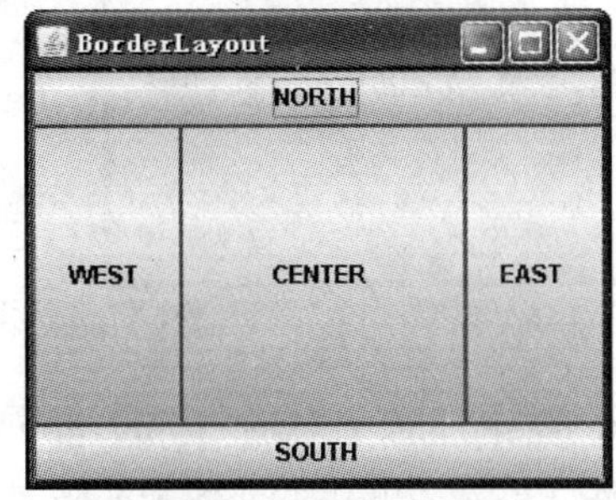

图 11.6　边界布局示意图

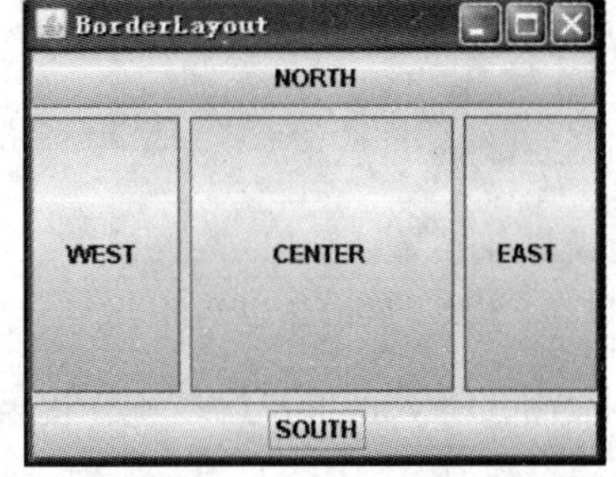

图 11.7　设置了间距的边界布局效果图

例 11.1　使用边界布局管理器创建如图 11.6 所示的界面，程序代码如下。

```
import javax.swing.*;
import java.awt.*;
public class BorderLayoutTest {
      private JFrame f;
      private JButton bn, bs, bw, be, bc;
      BorderLayoutTest() {
            f = new JFrame("BorderLayout");
            Container cp = f.getContentPane();
            bn = new JButton("NORTH");
            bs = new JButton(" SOUTH ");
            be = new JButton("EAST ");
            bw = new JButton("WEST ");
            bc = new JButton("CENTER ");
            cp.add(bn, BorderLayout.NORTH);
            cp.add(bs, BorderLayout.SOUTH);
            cp.add(be, BorderLayout.EAST);
            cp.add(bw, BorderLayout.WEST);
            cp.add(bc, BorderLayout.CENTER);
            f.setSize(300, 260);
            f.setVisible(true);
      }
      public static void main(String args[]) {
            new BorderLayoutTest();
      }
}
```

不一定所有的区域都有组件，如果四周的区域（WEST、EAST、NORTH、SOUTH 区域）没有组件，则由 CENTER 区域去补充；如果 CENTER 区域没有组件，则保持空白，其效果如图 11.8 及图 11.9 所示。

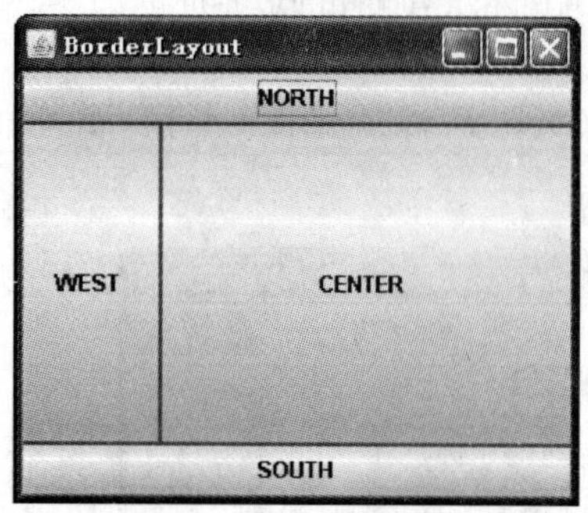

图 11.8　EAST 区域缺少组件

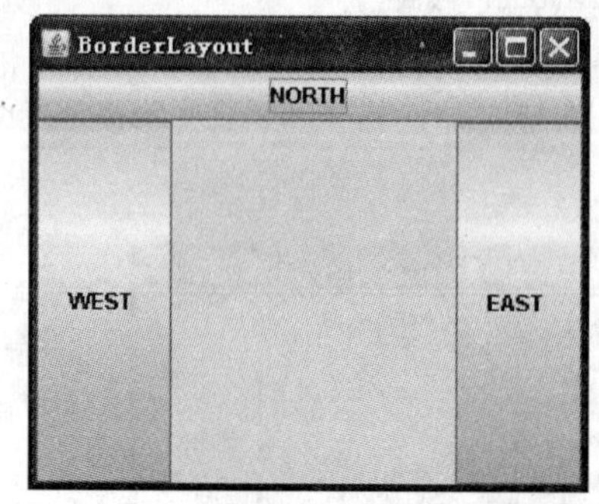

图 11.9　SOUTH 和 CENTER 区域缺少组件

在使用 BorderLayout 的时候，如果容器的大小发生变化，其变化规律为：组件的相对位置不变，大小发生变化。如果容器变高了，则 NORTH、SOUTH 区域不变，WEST、CENTER、EAST 区域变高；如果容器变宽了，则 WEST、EAST 区域不变，NORTH、CENTER、SOUTH 区域变宽。

BorderLayout 是 JFrame 的默认布局。JFrame 的内容面板的默认布局也是 BorderLayout 布局。

3. GridLayout（网格布局管理器）

GridLayout 布局的特点是组件定位精确，它使容器根据指定的行数和列数分布成为若干大小完全相同的网格，每个网格中只能放入一个组件，而且不考虑组件的大小，所以放入容器的组件也应该大小相同。如图 11.10 所示是一个 3 行 2 列的网格，共有 6 个网格。

创建网格布局管理器类对象的方法有：

- GridLayout( )：创建 1 行网格的网格布局，列数由放入的组件数决定。若向容器中添加 10 个组件就会形成 1 行 10 列的 10 个网格。
- GridLayout(int rows,int cols)：创建指定行数和列数的网格布局，参数 rows 给定行数，cols 给定列数。
- GridLayout(int rows,int cols,int hgap,int vgap)：前两个参数同上，后两个参数指定组件之间水平间距和垂直间距。

例 11.2　使用网格布局管理器创建如图 11.10 所示界面，程序代码如下。

图 11.10　3 行 2 列的网格布局

```
import javax.swing.*;
import java.awt.*;
public class GridLayoutTest extends JFrame {
      private JButton b1, b2, b3, b4, b5, b6;
      public GridLayoutTest() {
```

```
            super("GridLayout ");
            Container cp = this.getContentPane();
            cp.setLayout(new GridLayout(3, 2));
            b1 = new JButton("1");
            b2 = new JButton("2");
            b3 = new JButton("3");
            b4 = new JButton("4");
            b5 = new JButton("5");
            b6 = new JButton("6");
            cp.add(b1); cp.add(b2); cp.add(b3);
            cp.add(b4); cp.add(b5); cp.add(b6);
            this.setSize(150, 150);
            this.setVisible(true);
        }
        public static void main(String args[]) {
            new GridLayoutTest();
        }
    }
```

使用 GridLayout 管理组件时，如果容器的大小发生变化，组件相应的位置不会改变，组件的大小改变。

4. 空布局管理器

通过 setLayout(null)可以设置空布局管理器。空布局管理器可以准确定位组件在容器中的位置和大小。setBounds(int a，int b，int width，int height)方法是所有组件都拥有的一个方法，调用该方法可以设置组件的大小（参数 width 和 height）和组件左上角在容器中的位置（参数 a 和 b）。

注意：此方法会导致平台相关，所以推荐不要使用空布局管理器。

任务 3　向输入用户信息界面添加组件

任务：

向输入用户信息界面添加组件，完成界面外观的制作。

技能目标：

- 理解非容器组件的作用
- 掌握各种组件的方法
- 会使用各种组件制作图形用户界面

任务分析：

如图 11.4 所示的界面中包含的组件有：窗口底端是一个标签，文本值是当前时间；左窗格中是带滚动条的文本域，用来显示用户输入的信息；右窗格中依次是不可编辑并可以自动显示用户编号的文本框、用来输入用户姓名的文本框、用来选择性别的两个单选按钮、供选择省份的组合框、供选择城市的组合框、选择用户爱好信息的三个复选框和一个按钮，其中的两个单选按钮、三个复选框各放入一个面板中，所有这些组件均放入一个 7×1 网格布局的面板中，再把面板放入右窗格中。

实现代码 11.6：

```
……//导入包省略
public class UserJFrame extends JFrame {
    private int number = 1;                              //编号
    private JTextField text_number, text_name;      //编号、姓名文本行
    private JRadioButton radiobutton_male, radiobutton_female;//性别按钮
    private JComboBox combobox_province, combobox_city;          //省份、城市组合框
    private JCheckBox checkbox_music, checkbox_sport, checkbox_internet; //爱好复选框
    private JButton button_add;                                  //添加按钮
    private JTextArea text_user;                                 //文本域
    public UserJFrame() {
        super("输入用户信息");
        this.setBounds(300, 150, 320, 250);
        Container contentPanel = this.getContentPane();
        //获取窗体的内容面板,其默认边界布局
        //创建子面板放入内容面板的 CENTER 区域
        JPanel panel = new JPanel(new GridLayout(1, 2));
        contentPanel.add(panel, BorderLayout.CENTER);
        //带滚动条的文本域,放入 CENTER 区的左半部分
        text_user = new JTextArea();
        JScrollPane scrollpanel = new JScrollPane(text_user,
            ScrollPaneConstants.VERTICAL_SCROLLBAR_AS_NEEDED,
            ScrollPaneConstants.HORIZONTAL_SCROLLBAR_ALWAYS);
        //给文本域增加水平和垂直滚动条
        panel.add(scrollpanel, BorderLayout.CENTER); //将滚动面板放入 CENTER 区域
        //创建面板,7 行 1 列网格布局,放入 CENTER 区的右半部分
        JPanel panel_right = new JPanel(new GridLayout(7, 1));
        panel.add(panel_right);
        //编号文本行,不可编辑,编号自动生成
        text_number = new JTextField("1");
        text_number.setEditable(false);
        panel_right.add(text_number);
        //姓名文本框
        text_name = new JTextField("请输入您的姓名");
        panel_right.add(text_name);
        //创建面板,流布局,顺序放入两个单选按钮
        JPanel panel_radiobutton = new JPanel(new FlowLayout(FlowLayout.LEFT,20, 5));
        panel_right.add(panel_radiobutton);
        ButtonGroup buttongroup = new ButtonGroup(); //按钮组,是两个单选按钮的逻辑分组
```

```
        radiobutton_male = new JRadioButton("男", true); //创建单选按钮
        buttongroup.add(radiobutton_male);              //单选按钮添加到按钮组
        panel_radiobutton.add(radiobutton_male);        //单选按钮添加到子面板
        radiobutton_female = new JRadioButton("女");
        buttongroup.add(radiobutton_female);
        panel_radiobutton.add(radiobutton_female);
        //省份组合框
        Object province[] = { "山西省", "浙江省" };
        combobox_province = new JComboBox(province);
        combobox_province.setEditable(true);            //设置可编辑,默认不可编辑
        panel_right.add(combobox_province);
        //城市组合框
        Object city[] = { "太原市", "大同市", "榆次市" };
        combobox_city = new JComboBox(city);
        combobox_city.setEditable(true);
        panel_right.add(combobox_city);
        //创建面板,1 行 3 列网格布局,放入 3 个复选框
        JPanel panel_checkbox = new JPanel(new GridLayout(1, 3));
        panel_right.add(panel_checkbox);
        checkbox_music = new JCheckBox("音乐");
        checkbox_sport = new JCheckBox("运动");
        checkbox_internet = new JCheckBox("上网");
        panel_checkbox.add(checkbox_music);
        panel_checkbox.add(checkbox_sport);
        panel_checkbox.add(checkbox_internet);
        //"添加" 按钮
        button_add = new JButton("添加");
        panel_right.add(button_add);
        //状态栏:是个标签,按指定格式居中显示当前日期时间,放入内容面板的 South 区
        String curTime = ((new SimpleDateFormat("yyyy 年 MM 月 dd 日 hh:mm:ss"))
                .format(new Date()));
        JLabel stateBar = new JLabel(curTime);
        stateBar.setHorizontalAlignment(SwingConstants.CENTER);
        contentPanel.add(stateBar, BorderLayout.SOUTH);
        this.setDefaultCloseOperation(EXIT_ON_CLOSE); //单击窗口关闭按钮时,结束程序运行
        this.setVisible(true);
    }
    public static void main(String arg[]) {
        new UserJFrame();
    }
}
```

知识点：

Swing 组件都以 J 开头，从功能上分可分为如下几项。

- 顶层容器：包括 JFrame，JApplet，JDialog，JWindow 共 4 个。
- 普通容器：包括 JPanel，JScrollPane，JSplitPane，JToolBar 共 4 个。
- 基本组件：容器外的其他组件，包括 JButton，JComboBox，JMenu，JTextField，JLabel，JtextArea 等。

下面重点介绍本任务中用到的普通容器。

(1) JPanel（普通面板）。

面板是常用的容器，它没有边框，可以放入任意的组件，在复杂的图形用户界面设计中，往往会使用 JPanel 容器的嵌套来管理组件。所以面板是一种通用容器。

生成 JPanel 类对象的常用方法有：

①JPanel( )：构造具有流布局的面板。

②JPanel(LayoutManager layout)：构造具有指定布局方式的面板，参数用来设置面板的布局。

JPanel 类的常用方法有：

①add(Component comp)：将组件放入面板，参数是除顶层容器外的任意组件。

②void setLayout(LayoutManager layout)：设置面板的布局管理器。

(2) JScrollPane（滚动面板）。

当一个组件的显示区域不足以同时显示其中的所有内容时，如果让它带上滚动条，通过移动滚动条的滑块，就能浏览到它被隐藏的内容，也可以将一个普通容器放入滚动面板。

Swing 中的 JTextArea、JList、JTable 等组件往往需要滚动条，可以将它们放置于 JScrollPane 中，利用其滚动条浏览这些组件中的内容。

JScrollPane 类的常用构造方法有：

①JScrollPane( )：创建一个空的（无组件）JScrollPane，水平和垂直滚动条在需要时显示。

②JScrollPane(Component view)：创建一个显示指定组件的 JScrollPane，当组件的内容超过视图大小时才会显示水平和垂直滚动条。参数 view 是将显示在滚动窗格视口中的组件。例如：图 11.4 左窗格中的滚动窗口中显示一个文本域组件。

③JScrollPane(Component view，int vsbPolicy，int hsbPolicy)：参数 vsbPolicy 用来指定垂直滚动条在何时出现，其可取值及含义如下：

- ScrollPaneConstants. VERTICAL_SCROLLBAR_AS_NEEDED：需要时出现。
- ScrollPaneConstants. VERTICAL_SCROLLBAR_NEVER ：不要垂直滚动条。
- ScrollPaneConstants. VERTICAL_SCROLLBAR_ALWAYS：总是显示垂直滚动条。

参数 hsbPolicy 指定水平滚动条何时出现，其可取值及含义如下：

- ScrollPaneConstants. HORIZONTAL_SCROLLBAR_AS_NEEDED：需要时出现。
- ScrollPaneConstants. HORIZONTAL_SCROLLBAR_NEVER：不要水平滚动条。
- ScrollPaneConstants. HORIZONTAL_SCROLLBAR_ALWAYS：总显示水平滚动条。

JScrollPane 类有一个方法可以把组件放入滚动面板：setViewportView(Component view)。例如：

```
JScrollPane scrollpanel = new JScrollPane();          //构造一个空的滚动面板
scrollpanel.setViewportView( new JTextArea());        //将一个文本域放入滚动面板
```

任务 4　实现输入用户信息界面上的功能（事件处理）

任务：

完成输入用户信息界面上的如下功能：

（1）在省份组合框中选择新省份时，城市组合框会自动发生相应的变化。例如：用户选择了“浙江省”，城市组合框自动出现“杭州市”、“温州市”、“宁波市”。

（2）单击“添加”按钮时，将用户信息添加到文本域中，并自动产生下一个用户的编号。

技能目标：

- 理解事件和事件处理的概念
- 掌握 Java 的事件处理机制
- 会使用 Java 事件处理机制进行事件处理

任务分析：

使用 Swing 组件和布局管理器可以做出外观漂亮的界面，但这只是花拳绣腿，什么也干不了，任凭鼠标单击或不停敲键盘都不会有所响应。这时就必须深入图形界面编程的另一个重要的概念：事件处理（Event Handling）。

事件处理就是要能够让图形界面接收并响应用户的操作。在事件处理的过程中，主要涉及三类对象：事件、事件源和事件处理者。

事件，是用户对界面操作产生的一种效果，Java 中以事件类的形式出现。本节的任务中就涉及两类事件：在组合框上选择项目就会触发 ItemEvent 项目事件，按下按钮就会触发 ActionEvent 动作事件。

事件源是事件发生的场所，通常就是各个组件。例如，组合框上触发了 ItemEvent 事件，组合框就是事件源，按钮上触发了 ActionEvent 事件，按钮就是事件源。当事件源上有事件发生时，就需要根据用户的需求去处理，那么谁去处理事件呢？当然就是事件处理者。

事件处理者是负责接收事件对象并采取处理措施的对象，有时也将事件处理者称为监听器，主要原因在于监听器时刻监听着事件源上所发生的事件，一旦该事件类型与自己所负责处理的事件类型一致，就马上进行处理。至于如何处理，就是我们要做的编程工作。

监听器如何能监听到事件源上发生的事件呢？很简单，因为我们预先通过代码，把这个监听器安装到了事件源上，专业上是指事件源向监听器注册了某类事件。

综上所述，要完成事件处理，需要实现下面的步骤：

（1）确定事件源和所发生的事件类型，据此定义相应的事件监听器。监听器通常是一个类，该类如果要能够处理某种类型的事件，就必须实现与该事件类型相对应的接口。如 ActionEvent 事件对应的接口是 ActionListener。ItemEvent 事件对应的接口是 ItemListener。

（2）事件源将事件处理授权给事件处理者，即在事件源上注册监听器。注册方法如下：

组件（即事件源）.addXXXListener(监听器对象)；

要处理的事件类型可以通过方法名中的“XXX”体现。如果要授权处理的是 ActionEvent 事件，则方法名应是 addActionListener。

（3）在监听器所实现的接口的方法中编程处理事件。例如：ActionListener 接口中只有一个方法 void actionPerformed(ActionEvent e)，在该方法中编写代码处理事件；ItemListener 也只有一个方法 void itemStateChanged(ItemEvent e)。

步骤 1：定义 UserJFrame 类为 ActionEvent 事件和 ItemEvent 事件的监听器。

实现代码 11.7：

```
public class UserJFrame extends JFrame implements ActionListener, ItemListener {
    public void itemStateChanged(ItemEvent e) {}
    public void actionPerformed(ActionEvent e) {}
}
```

知识点：

（1）一个监听器可以监听多个事件，只要实现对应的接口即可。

（2）每个事件类 XXXEvent 都有一个与之相对应的接口 XXXListener。

步骤 2：在省份组合框和“添加”按钮上注册监听器，程序代码如下（本段代码应写入构造方法 UserJFrame( )中）。

实现代码 11.8：

```
combobox_province.addItemListener(this);
button_add.addActionListener(this);
```

步骤 3：在方法 itemStateChanged( )和 actionPerformed( )中编程处理事件。

实现代码 11.9：

```
public void itemStateChanged(ItemEvent e) {          //在省份组合框中选择新项目时被触发执行
        if (combobox_province.getSelectedIndex() == 0)       //在省份组合框中选择了"山西省"
        {     combobox_city.removeAllItems();                //清除地区组合框中原所有内容
              combobox_city.addItem("太原市");                //地区组合框添加数据项
              combobox_city.addItem("大同市");
              combobox_city.addItem("榆次市");
        }
        if (combobox_province.getSelectedIndex() == 1)       //省份组合框中选择了"浙江省"
        {     combobox_city.removeAllItems();
              combobox_city.addItem("杭州市");
              combobox_city.addItem("宁波市");
              combobox_city.addItem("温州市");
        }
}
public void actionPerformed(ActionEvent e)                   //单击按钮时触发执行
{     //如果单击的是"添加"按钮，则获取用户输入数据，组织成一个字符串，输出到文本区
        if (e.getSource() == button_add) {                   //判断事件源
```

```
        String aline = "";
        aline = number + ", " + text_name.getText();
        //获取用户的性别信息:得到所选单选按钮上的文本
        if (radiobutton_male.isSelected())
            aline += ", " + radiobutton_male.getText();
        if (radiobutton_female.isSelected())
            aline += ", " + radiobutton_female.getText();
        //获取用户的所在地信息:获得组合框选中的数据项
        aline += ", " + combobox_province.getSelectedItem();
        aline += combobox_city.getSelectedItem();
        //获取用户的爱好信息:得到打上对钩的复选框上的文本
        aline += ",爱好";
        int flag = 0;
        if (checkbox_music.isSelected()) {
            aline += checkbox_music.getText();
            flag = 1;
        }
        if (checkbox_sport.isSelected()) {
            aline += checkbox_sport.getText();
            flag = 1;
        }
        if (checkbox_internet.isSelected()) {
            aline += checkbox_internet.getText();
            flag = 1;
        }
        if (flag == 0)
            aline += "没有";
        text_user.append(aline + "\n");                //文本区添加一行字符串
        //信息输出后编号自动加 1,文本框恢复默认值,去掉复选框上的对钩
        this.number ++;
        text_number.setText("" + this.number);
        text_name.setText("请输入您的姓名");
        checkbox_music.setSelected(false);
        checkbox_sport.setSelected(false);
        checkbox_internet.setSelected(false);
    }
}
```

知识点：

Swing 的事件处理保留了 AWT 的授权事件模型处理机制，即事件源通过注册授权事件处理者处理其上所发生的事件。事件处理中用到的所有类和接口都在 java.awt.Event 包中。

Java 中共有 10 类事件，每类事件都有对应的事件监听器接口，接口是根据动作或基于语义来定义方法的。

表 11.1 列出了所有事件及其相应的监听器接口，共有 10 类事件和 11 个接口。

表 11.1　　事件类、对应的接口及接口中的方法

事件类别	描述信息	接口名	方　法
ActionEvent	激活组件	ActionListener	actionPerformed(ActionEvent)
ItemEvent	选择了某些项目	ItemListener	itemStateChanged(ItemEvent)
MouseEvent	鼠标移动	MouseMotionListener	mouseDragged(MouseEvent) mouseMoved(MouseEvent)
	鼠标单击等	MouseListener	mousePressed(MouseEvent) mouseReleased(MouseEvent) mouseEntered(MouseEvent) mouseExited(MouseEvent) mouseClicked(MouseEvent)
KeyEvent	键盘输入	KeyListener	keyPressed(KeyEvent) keyReleased(KeyEvent) keyTyped(KeyEvent)
FocusEvent	组件收到或失去焦点	FocusListener	focusGained(FocusEvent) focusLost(FocusEvent)
AdjustmentEvent	移动了滚动条等组件	AdjustmentListener	adjustmentValueChanged(AdjustmentEvent)
ComponentEvent	对象移动缩放显示隐藏等	ComponentListener	componentMoved(ComponentEvent) componentHidden(ComponentEvent) componentResized(ComponentEvent) componentShown(ComponentEvent)
WindowEvent	窗口收到窗口级事件	WindowListener	windowClosing(WindowEvent) windowOpened(WindowEvent) windowIconified(WindowEvent) windowDeiconified(WindowEvent) indowClosed(WindowEvent) windowActivated(WindowEvent) windowDeactivated(WindowEvent)
ContainerEvent	容器中增加删除了组件	ContainerListener	componentAdded(ContainerEvent) componentRemoved(ContainerEvent)
TextEvent	文本字段或文本区发生改变	TextListener	textValueChanged(TextEvent)

注意：

● 真正的事件处理者是监听器类中的方法，事件被触发时，JVM 生成事件对象通过参数传递给了监听器中的方法。

● 实现监听器接口时，必须写上所有方法，如果不需要，可用空的方法体来实现。

● 有可能多个组件上发生相同类型的事件，事件处理者就必须先判断事件源，再做处理。通过调用事件类的 getSource( )方法来确定事件源。

表 11.1 中的 10 类事件可以归为两大类：低级事件和高级事件。

(1) 低级事件（组件事件）。

低级事件是指基于组件和容器的事件，它与实际操作是对应的。例如：当窗口被打开、关闭时就会触发 WindowEvent 事件，鼠标单击、双击或拖放时就会触发 MouseEvent 事件。

- ComponentEvent（组件事件：组件尺寸的变化，移动）
- ContainerEvent（容器事件：组件增加，移动）
- WindowEvent（窗口事件：关闭窗口，窗口闭合，图标化）
- FocusEvent（焦点事件：焦点的获得和丢失）
- KeyEvent（键盘事件：键按下、释放）
- MouseEvent（鼠标事件：鼠标单击，移动）

（2）高级事件（语义事件）。

高级事件是基于语义的事件，它不与特定的动作相关联，而依赖于触发此事件的类，如单击菜单会触发 ActionEvent 事件，滑动滚动条会触发 AdjustmentEvent 事件，选中组合框等组件的项目列表的某一条就会触发 ItemEvent 事件。

- ActionEvent（动作事件：按钮按下，TextField 中按 Enter 键）。
- AdjustmentEvent（调节事件：在滚动条上移动滑块以调节数值）。
- ItemEvent（项目事件：用户从一组选择框或者列表框中选择一项）。
- TextEvent（文本事件，文本对象改变）。

·课后练习题 11·

1. 创建记事本的主窗体，并添加菜单，如图 11.3 所示。

2. 完成记事本窗体的布局设计。

提示：窗体的内容面板使用边界布局分为 CENTER 区和 SOUTH 区。

3. 完成如图 11.11 所示界面的布局设计。

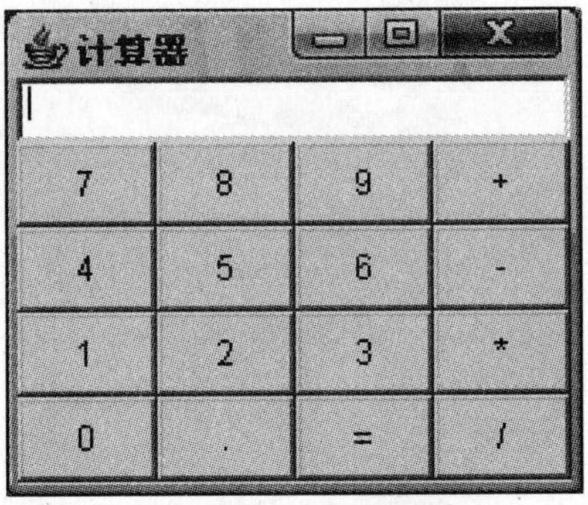

图 11.11 计算器界面

4. 向记事本添加组件，完成界面外观制作。

提示：记事本需要用到标签、文本域以及滚动窗口。

5. 通过事件编程实现记事本的功能：选择不同的菜单给出相应的响应；在编辑区键入键时设置状态栏的文本为“已修改”；单击窗口的关闭按钮应该关闭当前文件并退出程序。

提示：

（1）单击某菜单项 JMenuItem 时会触发 ActionEvent 事件。记事本中有多个菜单项，也就是说会有多个事件源发生 ActionEvent 事件，要在 ActionPerformed()方法中写代码，对每个事件源作出相应的响应。打开菜单、保存菜单和另存为菜单的功能要用到 I/O 流的知识，先给出空方法 openFile( ){}、saveFile( ){}、saveFileAs( ){}，下一项目会给出实现代码。

（2）在编辑区键入键时会触发键盘事件 KeyEvent，对应的 KeyListener 中有三个方法：keyPressed( )按下某个键时调用；keyReleased( )释放某个键时调用；keyTyped( )键入某个键时调用。故应该在 keyTyped( )方法中编写代码。

项目 12　使用 I/O 流

任务 1　实现记事本的文件打开和保存功能（文件流、缓冲流）

任务：

实现记事本的打开文件和保存文件的功能。

当单击记事本菜单中的“打开”项后，会出现对话框以供选取文件，选定文件之后会打开该文件并显示文件内容于文字编辑区中，并在标题栏中显示文件名称，在“状态栏”显示“未修改”字样。

当单击“保存”项时，将文字编辑区中的文字保存至标题栏所指定的文件中，如果是以新文件编辑文字，则出现提示保存的对话框，用来指定新的文件名称并保存，保存完文字之后，在“状态栏”显示“未修改”字样。

技能目标：

- 理解流的概念，知道为什么需要使用流
- 掌握字符流和字节流的读写方法
- 掌握创建流的一般方法
- 明白字符流和字节流的差异
- 会使用文件字节流、文件字符流和缓冲流进行文件读写操作

12.1.1　使用字节方式读写文件

任务分析：

打开文件时，要从文件中读取数据到文本域中。将文件中的数据读入程序，是将程序外部的数据传入程序中，应该使用输入流。由于读取的数据源是文件，则可以使用文件输入流 FileInputStream 或 FileReader 来实现读文件。

保存文件时，要将文本域中的数据写入文件。将程序内部的数据输出到程序外部的目的地，应该使用输出流。由于写入的目的地是文件，可以使用文件输出流 FileOutputStream 或 FileWriter 实现写文件。

步骤 1：使用文件字节输入流（FileInputStream）完成记事本打开文件的功能。

实现代码 12.1：

```
private void openFile() {
        int option = fileChooser.showOpenDialog(null); //显示文件选取的对话框,fileChooser 是 JFileChooser 对象
        /* 按下对话框的确认键,则打开所选取的文件 */
        if (option == JFileChooser.APPROVE_OPTION) {
            try {
                //获取要打开的文件的名称,curFile 是窗体的一个 String 变量,记录当前文件
                curFile = fileChooser.getSelectedFile().toString();
                //定义文件字节输入流,用来读文件,参数指定要读的文件
                FileInputStream fis = new FileInputStream(curFile);
                byte[] b = new byte[1024];
                String curStr = "";
                int temp = fis.read(b) ;            //读取文件内容到字节数组 b 中
                while (temp != -1){                 //继续读文件至完
                    //记录下文件中的所有内容，之后显示在文本域中
                    curStr = curStr + new String(b, 0, temp);
                    temp = fis.read(b);
                }
                fis.close();                        //关闭流
                textArea.setText(curStr);           //将读出的文件内容输出到记事本的文本域
                setTitle(curFile);                  //设定文件标题(窗体的标题)
                stateBar.setText("未修改");          //在状态栏显示“未修改”
            } catch (IOException e) {
                JOptionPane.showMessageDialog(null, e.toString(), "文件打不开",
                    JOptionPane.ERROR_MESSAGE); //调用消息对话框,提示文件打开失败
            }
        }
}
```

步骤 2：使用文件字节输出流（FileOutputStream）完成记事本保存文件的功能。

实现代码 12.2：

```
private void saveFile() {
            if (curFile == null) { //如果文件为空,即是新文件,则调用文件选择器保存
                int option = fileChooser.showSaveDialog(null);  //显示文件保存对话框
                if (option == JFileChooser.APPROVE_OPTION) {     //在对话框中选择了确定按钮
                    File file = fileChooser.getSelectedFile(); //获取用户指定的文件
                    file.createNewFile();                      //建立用户指定的新文件
                    save(file);                                //将文本域的内容保存到文件
                    curFile = file.toString();                 //把该文件设为当前文件
            } else {                                           //否则,保存文件
```

```
                save(curFile);
            }
        }
    private void save (File file) {
        try {
                FileOutputStream fos = new FileOutputStream(file); //定义文件输出流
                String curStr = textArea.getText();                //获取文本域的内容
                fos.write(curStr.getBytes());                      //将文本写入文件
                stateBar.setText("未修改");                        //在状态栏显示“未修改”
                    fos.close();                                   //关闭流
            } catch (IOException e) {
                JOptionPane.showMessageDialog(null, e.toString(), "文件保存失败",
                        JOptionPane.ERROR_MESSAGE);
            }
    }
```

知识点：

I/O（Input/Output）是输入和输出的简称，Java 中的 I/O 使用“流”来实现。

（1）使用流的原因。

Java 语言中，输入和输出涵盖的内容非常广泛。在进行 I/O 操作时，需要操作的种类很多，如文件、内存和网络连接，这些都被称作数据源，对于不同的数据源处理的方式是不一样的，如果直接交给程序员进行处理，对于程序员来说则显得比较复杂。

Java 中引入流，用于 JVM 和数据源之间交换数据，不同的数据源都有对应的流。我们面对不同的数据源时，只需要建立对应的流，使用读写方法读写数据到流即可，流到数据源的读写则由系统去完成。这样 I/O 编程就更容易了。

（2）I/O 类的体系结构。

流是有方向的。例如从硬盘上读取一个文件的内容到程序中，相当于将文件的内容输入到程序内部，因此输入和“读”对应；而将程序中的内容保存到硬盘上，则相当于将文件的内容输出到程序外部，因此输出和“写”对应。

①Java 中的 I/O 流在 java.io 包中。流按照流的方向可以划分为两类：

a. 输入流：用于读的流被称作输入流。该类流将外部数据源的数据转换为流，程序通过读取该类流中的数据，完成对于外部数据源中数据的读入。

b. 输出流：用于写的流被称作输出流。该类流完成将流中的数据转换到对应的数据源中，程序通过向该类流中写入数据，完成将数据写入到对应的外部数据源中。

②根据流中的数据序列的单位，Java 又实现了两类流：

a. 字节流：在字节流中，数据序列以 8 位为一个单位，也就是对该类流操作的基本单位是字节。

b. 字符流：字符流中的数据序列以 16 位的 Unicode 字符为单位，对该类流操作的基本单位是字符。

按照以上的分类，每个系列的类都有一个父类，父类中声明了读取以及操作数据的基本方法，这样的设计可以保证每个流，开放给我们使用的功能方法是一致的。

③I/O 类的四个体系中每个体系对应的父类分别如下所述。

a. 字节输入流 InputStream：该类是所有字节输入流的父类。

read( )方法是输入流类使用时最核心的方法，用来从流中读取数据。在读取流中的数据时，只能按照流中的数据存储顺序按字节依次进行读取，如果读完了则该方法返回−1。

read( )方法有三个，依次如下：

- int read()：读一个字节的数据，以范围为 0～255 的整型值返回。
- int read(byte b[])：读 b.length 个字节的数据放到数组 b 中，返回值是读取的字节数。
- int read(byte b[]，int off，int len)：读 len 个字节的数据到数组 b 的 off 位置，返回值是实际读取的字节数。

b. 字节输出流 OutputStream：该类是所有的字节输出流的父类。

write( )方法是输出流类使用时最核心的方法，用来将数据写入流中。在将数据写入流时，一般需要将数据转换为字节数组进行写入，写入流的顺序就是实际数据输出的顺序。

write 方法有三个，依次如下：

- write(int b)：向流的末尾写入一个字节的数据。写入的数据为参数 b 的最后一个字节。
- write(byte b[ ])：将数组 b 中的数据依次写入到流中。
- write(byte b[ ]，int off，int len)：将数组 b 中从下标 off 指定的位置开始，长度为 len 的数据依次写入到流中。

c. 字符输入流 Reader：该类是所有的字符输入流的父类。

Reader 体系中的类和 InputStream 体系中的类，最大的区别就是 Reader 体系中的类读取数据的单位是 16 位字符。Reader 的方法与类 InputStream 类似，只不过其中的参数换成字符或字符数组。

- int read()：读一个字符，返回该字符的 Unicode 编码值。
- int read(char[ ] buf)：读取多个字符放到数组 buf 中，返回值是读取的字符数。
- int read(char[ ] buf，int off，int len)：最多读 len 个字符放入数组 b 的 off 位置，返回值是实际读取的字符数。

d. 字符输出流 Writer：该类是所有的字符输出流的父类。

Writer 的方法与类 OutputStream 的类似，不过其中的参数换成字符、字符数组或字符串。

- void write(char[] buf)：将数组 buf 中的字符写入流中。
- void write(String str)：将字符串 str 写入流中。
- void write(String str，int off，int len)：将字符串 str 中 off 位置开始的 len 个字符写入流。

Java 中多种多样变化的流均是由这四类流派生出来的。

(3) 字节文件流 FileInputStream 和 FileOutputStream。

字节文件流用来按照字节方式读写文件。

①FileInputStream 是字节文件输入流，使用该流读取文件有如下三个步骤。

a. 创建输入流。

建立对应的（此处是 FileInputStream）输入流对象，这样就建好了数据源（此处是文件）到程序间的数据输入的通道。创建一个 FileInputStream 对象有以下方法：

FileInputStream(String name)：通过指定文件名构造文件输入流，参数 name 是文件名。

FileInputStream(File file)：通过文件构造文件输入流，File 是文件类（在下一节介绍）。

注意：如果操作的输入文件不存在，则会产生异常 FileNotFoundException，这是一个非运行时异常，必须捕获或声明抛出。

b. 读取流对象内部的数据。

调用从 InputStream 类中继承过来的 read()方法读取流中的数据到程序。

使用 read()方法，每次读取流中的一个或多个字节，要读取流中的所有数据，必须得使用循环，当流中没有数据时，read()方法的返回值是－1，读文件结束。

注意：使用任何流进行文件的读/写操作时，都会产生非运行时异常 IOException，必须捕获或声明抛出。

c. 关闭输入流对象。

在读数据完毕后，调用流对象的 close()方法关闭输入流，释放流对象占用的资源，关闭数据源，流操作结束。

②FileOutputStream 是文件字节输出流，使用该流写文件也分三个步骤。

a. 建立输出流：建立对应的输出流对象，建立好程序到数据源间的数据输出的通道。创建一个 FileOutputStream 对象可以有以下方法：

FileOutputStream(String name)：通过指定文件名构造文件输出流。

FileOutputStream(String name, boolean append)：通过指定文件名构造文件输出流，如果 append 为 true，则表示向文件追加数据。

另外，这两个方法中的 String 类型的文件名参数还可以是 File 类型的文件参数。

b. 向流中写入数据：将需要输出的数据，调用对应的 write 方法写入到流对象中。

c. 关闭输出流：在写入完毕以后，调用流对象的 close 方法关闭输出流，释放资源。

例 12.1：使用字节方式读写文件，实现文件的复制，程序代码如下。

```
import java.io.*;
public class FileCopy {
    public static void main(String args[]) {
        try {
            File inFile = new File("d:\\file1.txt");        //定义要读取的源文件
            File outFile = new File("d:\\file2.txt");       //定义要复制的目标文件
            FileInputStream fis = new FileInputStream(inFile);      //定义输入文件流
            FileOutputStream fos = new FileOutputStream(outFile);   //定义输出文件流
            int c;
            while ((c = fis.read()) != -1) {        //循环读取文件和写入文件
                fos.write(c);
            }
            fis.close();        //关闭输入流
            fos.close();        //关闭输出流
```

```
            } catch (FileNotFoundException e) {
                System.out.println(e);
            } catch (IOException e) {
                System.err.println(e);
            }
        }
    }
```

12.1.2 使用字符方式读写文件

任务分析：

本节的任务是读写文本文件，我们使用字节流来完成。其实在读写时涉及字符和字节间的转换，如在读文件时，从输入流中读到的是字节数据，在放入文本域前使用 New String()把字节数据转换成字符串；在写文件时，将从文本域中读出的字符串通过 String 的 getBytes()方法转换成字节写入输出流中。可见字节文件流更擅长读写二进制文件，对于文本文件的读写，使用字符流更方便，而且使用字符方式读写单位为 16 位的字符，会减少读写次数，提高效率。

FileReader 是文件字符输入流，可用来读文本文件。FileWriter 是文件字符输出流，可用来写文本文件。

下面只写出使用字符流读写文件的关键代码，其余与使用字节方式读写一样，故省略。

实现代码 12.3：使用文件字符输入流（FileReader）完成记事本打开文件的功能

```
private void open() {
        ......
            try {
                curFile = fileChooser.getSelectedFile().toString();
                FileReader fr = new FileReader(curFile); //定义文件字符输入流,用来读文件
                String curStr = "";
                int temp;
                while ((temp = fr.read()) ! = -1) { //读文件至结束
                    curStr += (char) temp;
                }
                fr.close();//关闭流
                ......
            } catch (IOException e) {
                ......
            }
        ......
    }
```

实现代码 12.4：使用文件字符输出流（FileWriter）完成记事本保存文件的功能

```
......
private void save (File file) {
```

```
        try {
            FileWriter fw = new FileWriter(file);     //定义输出文件流到文件 file
            String curStr = textArea.getText();
            fw.write(curStr);                         //将编辑区的文本写入文件
            stateBar.setText("未修改");
            fw.close();
        } catch (IOException e) {
            ......
        }
    }
```

知识点：

创建字符文件流对象同字节文件流对象的创建方式相同，不再详述。

12.1.3　使用缓冲流高效率读写文件

任务分析：

缓冲流是在内存空间中为数据流开辟的一个缓冲区，用来存储读出或写入的数据，当缓冲区满后，再将数据读给程序或写入数据源。使用缓冲流的目的是为了提高数据的传输效率，还可以减少反复读写对硬盘所造成的损害。

缓冲流不能直接用文件名或文件对象（File）对其直接初始化，必须与其他数据流“捆绑”在一起，这样读写入流中的数据先存入缓冲区，当缓冲区数据存满的时候，再发送出去。

缓冲流有基于字符的缓冲流 BufferedReader 和 BufferedWriter；可基于字节的缓冲流 BufferedInputStream 和 BufferedOutputStream。

给定的任务可以通过基于字符的缓冲流来完成，也可以通过基于字节的缓冲流来完成。这里使用基于字符的缓冲流来实现记事本的文件打开和关闭功能，后者留作课堂练习。

下面给出使用字符缓冲流读写文件的关键代码，其余省略。

步骤 1：使用字符输入缓冲流（BufferedReader）完成记事本打开文件的功能。

实现代码 12.5：

```
private void open() {
    ......
                curFile = fileChooser.getSelectedFile().toString();
                FileReader fr = new FileReader(curFile);
                BufferedReader br = new BufferedReader(fr);  //用输入缓冲流包装文件输入流
                String curStr = "";
                while ((curStr = br.readLine())! = null){   //逐行读直到读入空行结束
                    textArea.append(curStr + "\n");          //将读入的一行添加到文本域
                }
                    fr.close();
                    br.close();                              //关闭缓冲流
    ......
```

```
}
```

步骤 2：使用字符输出缓冲流（BufferedWriter）完成记事本保存文件的功能。

实现代码 12.6：

```
……
private void save (File file) {
try {
        FileWriter fw = new FileWriter(file);               //定义输出文件流到文件 file
        BufferedWriter bw = new BufferedWriter(fw);         //将输出文件流构造到缓冲
        String curStr = textArea.getText();
        bw.write(curStr);                                   //将编辑区的文本写入缓冲到文件
        stateBar.setText("未修改");
                fw.close();
                bw.close();
} catch (IOException e) {
        ……
}
}
```

知识点：

（1）基于字符的缓冲流。

BufferedReader 流可以和任意的 Reader 流连接，BufferedWriter 流可以和任意的 Writer 流连接。除了可以使用上面的方法构造缓冲流来创建一个使用默认大小的输入或输出缓冲区的字符流外，还可以通过指定缓冲区的大小来构造缓冲流。例如：

BufferedReader(new FileReader(file),1024)：创建输入缓冲区大小 1024B 的输入缓冲流

BufferedWriter(new FileWriter(file),1024)：创建输出缓冲区大小 1024B 的输出缓冲流

BufferedReader 类除了继承 Reader 的方法外，还提供了一个新方法：

String readLine( )：读取一行字符。

BufferedWriter 类也有两个方法需专门说明：

void newLine( )：写入一个行分割符。

void flush( )：可以在缓冲区没填满情况下将数据强行送出。

（2）基于字节的缓冲流。

BufferedInputstream 流用来对任何的 InputStream 流进行带缓冲区的封装；BufferedOutputStream 流用来对任何的 OutputStream 流进行带缓冲区的封装。二者的构造方式和字符缓冲流相似，不再叙述。另外字节缓冲流除了可以使用 flush( )方法强行将输出缓冲区的数据输出外，并无其他特别的方法。

例 12.1：使用字节缓冲流读写文件，生成文件的复制。

```
public class BytesBuffCopy{
        public static void main(String[ ] args) throws IOException {
                File inFile = new File("d:\\file1.txt");        //定义读取源文件
```

```
        File outFile = new File("d:\\file2.txt");     //定义复制目标文件
        BufferedInputStream bin = new BufferedInputStream(new FileInputStream(inFile););
        BufferedOutputStream bout = new BufferedOutputStream(new FileOutputStream(outFile));
        int c;
        while ((c = bin.read()) != -1)
            bout.write(c);
        bin.close();
        bout.close();
    }
}
```

任务 2　使用 File 类来管理文件和目录

任务：

列出 D:\java 文件夹下的所有内容。

删除 D:\test 文件夹及其所有内容。

技能目标：

- 理解 File 类的含义
- 掌握 File 类的各种常用方法
- 会使用 File 来完成对文件和目录的各种操作

任务分析：

类 File 提供了一种与机器无关的方式来描述一个文件对象的属性，File 对象可以指文件，也可以是磁盘上的目录（文件的路径）。通过类 File 所提供的方法可得到文件或目录的描述信息（文件名、路径、长度、可读、可写等），也可以生成新文件和目录，修改文件和目录，查询文件属性，重命名文件或者删除文件。

- 列举文件夹内容对应一个方法 printAllFile()：输出给定的当前文件夹名称，再创建 File 对象指向文件夹，并判断当前 File 对象是文件还是文件夹，如果是文件夹则获得该文件夹下的所有子文件和子文件夹，并递归调用该方法至输出指定文件夹下的全部内容。
- 删除任务对应一个方法 deleteAll()：判断给定的 File 对象是文件还是文件夹，如果是文件则直接删除；如果是文件夹则获得该文件夹下所有的子文件和子文件夹，然后递归调用该方法处理所有子文件和子文件夹，最后将空文件夹删除。

实现代码 12.7：

```
import java.io.File;
public class FileTest {
    public static void main(String[] args) {
        File dir1 = new File("D:\\java");      //构造 File 对象,是个目录,不是文件
        printAllFile(dir1);      //打印 dir 路径下所有的文件和文件夹,参数 dir1 是目录
        File dir2 = new File("D:\\test");
        deleteAll(dir2);         //删除文件对象 dir 下的所有文件和文件夹,dir2 是目录
    }
```

```
    public static void printAllFile(File dir){
        System.out.println(dir.getName());  //打印当前文件名
        if(dir.isDirectory()){              //是文件夹
            File[] f = dir.listFiles();     //获得该文件夹下所有子文件和子文件夹
            int len = f.length;
            for(int i = 0;i < len;i ++ ){   //循环处理每个对象
                printAllFile(f[i]);         //递归调用,处理每个文件对象
            }
        }
    }
    public static void deleteAll(File dir){
        if(dir.isFile()){       //若是文件,则删除
            dir.delete();
        }else{                  //若是文件夹,则先依次处理其所有子文件和子文件夹,再删除它
            File f[] = dir.listFiles();     //获得当前文件夹下的所有子文件和子文件夹
            int len = f.length;
            for(int i = 0;i < len;i ++ ){   //循环处理每个对象
                deleteAll(f[i]);
            }
            dir.delete();                   //删除当前文件夹
        }
    }
}
```

知识点：

File 是用来管理目录和文件的，描述了文件本身的属性，如果说流类关心的则是文件的内容，那 File 类所关心的则是文件在磁盘上的存储。

在 File 类中封装了对文件系统进行操作的功能。下面介绍类 File 中提供的各种方法。

（1）File 类的构造方法。

用来创建 File 类的对象，生成一个文件，也可以是目录，File 类有三个构造方法。

①File(String pathname)：创建一个 File 类对象。如果 pathname 是实际存在的路径，则该 File 对象表示的是目录；如果 pathname 是文件名，则该 File 对象表示的是文件。例如：

```
File f1 = new File("D:\\java\\myjava");
//File 对象与目录 "D:\\java\\myjava" 相联系,生成了一个目录
File f2 = new File("D:\\java\\myjava\\test.java");
//File 对象与 "D:\\java\\myjava\\test.java" 这个文件相联系,这个对象是文件
```

注意：

● 符号"\"已经被转义了，当我们在 Windows 环境使用路径时，其分隔符是"\\"或"//"符号。

● 考虑到文件的可移植性，尽量不要使用绝对路径，而要使用相对路径。如当前程序所在目录为 java，创建 f2 对象可以写成：File f2＝new File(“myjava\\test. java”)；

②File（String parent，String child)：该构造方法将 pathname 分成两部分，参数 parent 表示目录或文件所在路径，参数 child 表示目录或文件名称。例如：

```
File f1 = new File("D:\\java", "myjava");
File f2 = new File("D:\\java\\myjava", "test. java");
```

③File(File parent,String child)：该构造方法与第二种的不同之处在于将 parent 的参数类型由 String 变为 File，代表 parent 是一个已经创建了的指向目录的 File 对象。例如：

```
File f1 = new File("D:\\java\\myjava");
File f2 = new File(f1,"test. java");
```

（2）File 类的常用方法。

创建一个文件对象后，可以用 File 类提供的方法来获得文件相关信息，对文件进行操作。

①文件名的处理。

● String getName( )：得到一个文件的名称（不包括路径）。

● String getPath( )：得到一个文件的路径名。

● String getAbsolutePath( )：得到一个文件的绝对路径名。

● String getParent( )：得到一个文件的上一级目录名。

● String renameTo(File newName)：修改文件名，在修改文件名时不能改变文件路径，如果该路径下已有该文件，则会修改失败。

②文件属性测试。

● boolean exists( )：测试当前 File 对象所指示的文件是否存在。

● boolean canWrite( )：测试当前文件是否可写。

● boolean canRead( )：测试当前文件是否可读。

● boolean isFile( )：测试当前 File 对象是否是文件（不是目录）。

● boolean isDirectory( )：测试当前 File 对象是否为目录。

③普通文件信息和工具。

● long lastModified( )：得到文件最近一次修改的时间。

● long length( )：得到文件的长度（是文件的实际大小），以字节为单位。

● boolean delete( )：删除当前文件或目录。如果删除的是目录，则该目录必须为空。如果需要删除一个非空的目录，则需要首先删除该目录内部的每个文件和目录。

④目录操作。

● boolean mkdir( )：根据当前对象生成一个由该对象指定的路径。

● String []list( )：列出当前目录下的文件和目录。

● String []list(FilenameFilter filter)：与 list() 方法功能相同，不过要求所返回数组中的字符串必须满足文件过滤器 filter。如果给定的 filter 为 null，则等同于 String []list( )。

● File[] listFiles()：得到当前目录下所有的文件和目录。

任务 3　实现数据库中数据的导入、导出（数据输入、输出流）

任务：

完成如下功能：

（1）把数据库中数据导出到文件中。

（2）把文件数据导入到数据库中。

技能目标：

- 掌握 DataInputStream 和 DataOutputStream 的各种读写方法
- 学会使用 DataInputStream 和 DataOutputStream 的相应方法读取不同数据类型的数据

任务分析：

将数据库中数据导出到文件中或把文件数据导入到数据库中，涉及各种类型数据的读写。

Java 提供了专门的数据输入输出流 DataInputStream 类和 DataOutputStream 类，利用这两个流可以实现对文件的不同数据类型的读写，如 readInt( )、writeInt( )可以读写 int 数据，readUTF( )、WriteUTF()可以读写 Unicode 字符串等。

数据库中有一张 student 表，表结构为：id(学号，String)，name(姓名，String)，age(年龄，int)，dep(所在系，String)。

实现代码 12.8：

```
/*
 * 实现将数据库中数据导出到文件中
 */
public class DatabaseImport{
    public static void main(String[] args) throws Exception{
    ……数据库连接和关闭的代码略:rs是结果集,stmt是数据库操作对象
        FileOutputStream out = new FileOutputStream("d:\\data.txt");
        DataOutputStream dout = new DataOutputStream(out); //使用数据输出流包装文件输出流
        rs = stmt.executeQuery("select * from student ");
        rs.last();                                  //指针移到最后一行
        int length = d.rs.getRow();                 //获取最后一行的行号,即记录数
        dout.writeInt(length);                      //先在文件中记下记录个数
        rs.beforeFirst();                           //指针重新移到ResultSet开头
      while (rs.next()) {
            dout.writeUTF(rs.getString(1));         //将当前记录的学号值导出到文件
            dout.writeUTF(rs.getString(2));         //将当前记录的姓名值导出到文件
            dout.writeInt(rs.getInt(3));            //将当前记录的年龄值导出到文件
            dout.writeUTF(rs.getString(4));         //将当前记录的所在系的值导出到文件
      }
      out.close();
```

```
21          dout.close();
22  }}
```

```
1   /*
2    *实现把文件数据导入到数据库中
3     */
4   public class DatabaseExport {
5           public static void main(String[] args) throws Exception{
6                   FileInputStream in = new FileInputStream("d:\\data.dat");
7                   DataInputStream din = new DataInputStream(in); //使用格式输入流包装文件输入流
8                   String id, name, dep; int age;
9                   int len = din.readInt();                   //获取记录个数
10                  for (int i = 0; i < len; i ++ ) {          //循环读取文件中的记录插入数据库中
11                          d.setAutoCommit(false);            //先取消数据库自动提交功能
12                          id = din.readUTF();
13                          name = din.readUTF();
14                          age = din.readInt();
15                          dep = din.readUTF();
16                          String sql = "insert into student values('" + id + "','" + name + "','" + age + "',
                            '" + dep + "')";
17                          stmt.executeUpdate(sql);
18                          d.commit();
                            //手动提交事务,本行与第 11 行是为了保证最后一条记录能插入到库中
19                  }
20                  in.close();
21                  din.close();
22  }}
```

知识点：

（1）DataInputStream 和 DataOutputStream 这两个类的对象不能独立地实现数据的输入和输出处理，必须和其他输入输出流对象连接在一起使用。例如：

```
DataOutputStream dout = new DataOutputStream(new FileOutputStream("d:\\data.txt")); //使用数据输出流包装文件输出流
DataInputStream din = new DataInputStream(new FileInputStream("d:\\data.dat")); //使用数据输入流包装文件输入流
```

（2）由于实现了 DataOutput 与 DataInput 接口，DataInputStream 和 DataOutputStream 可以读写 Java 中的不同类型的基本类型数据，由相应的方法 readXXX( )和 writeXXX( )实现。例如：

boolean readBoolean()：读入一个布尔值。

float readFloat()：读取四个输入字节并返回一个 float 值。

void writeBoolean(boolean v)：写入一个布尔值。

void writeFloat(int v)：将一个 float 值写入输出流。

String readLine()：用于文本文件的读取，可以一次读入一行字符串。

（3）Java 中的流分为节点流和过滤流。节点流直接连接到数据源上完成读写。FileInputStream 和 FileOutputStream 是节点流。过滤流必须连接到已经存在的字节流上，通过在构造方法的参数中指定所要连接的流来实现。

节点流是主要流，过滤流用来包装字节流，增加其功能，过滤流本身不传输数据。以下是几种常见的过滤流：

- BufferedInputStream 和 BufferedOutputStream：提供带缓冲的读写，可以提高读写效率。
- DataInputStream 和 DataOutputStream：不仅能读写数据流，而且能读写 Java 语言中的各种基本类型，如 boolean、int、float、char、double 等。
- LineNumberInputStream：除了提供对输入处理的支持外，LineNumberInputStream 可以记录当前的行号。
- PushbackInputStream：提供了一个方法可以把刚读过的字节退回到输入流中，以便重新再读一遍。

（4）使用 DataInputStream 读文件时，如果已经到达文件末尾还继续读的话，会抛出 EOFException 异常。

任务 4　随机读取文件中的数据（随机存取文件类）

任务：

将若干个学生信息存入文件；从文件中取出第一个学生信息和最后一个学生信息输出到控制台；修改第一个学生的年龄值。

技能目标：

- 掌握 RandomAccessFile 对象的创建方式
- 学会使用 RandomAccessFile 对象编程实现文件的随机存取

任务分析：

对于 InputStream/OutputStream、Reader/Writer 类来说，它们都是顺序访问流，类似于磁带只能进行顺序读写。本节给出的是一个随机访问文件的任务，Java 中提供了 RandomAccessFile 类可以对文件进行随机的读写。

RandomAccessFile 类直接继承自 java. lang. Object，所以很独立，与 Java 的其他类无关。它没有针对输入/输出出现两个类，一个 RandomAccessFile 类对象既可以完成数据输入，也可以用于数据输出，在构造其对象时通过指定读写模式来控制读写方式。常用的读写模式有两种：取值为“r”是以只读方式打开文件；取值为“rw”是以可读写方式打开文件。例如：

```
RandomAccessFile raf = new RandomAccessFile("d:\\student. txt","r");
//表示以只读方式打开 D:盘下的 student. txt 文件,该文件只能用来读.
RandomAccessFile rf = new RandomAccessFile(new File("d:\\student. txt"),"rw");
//表示以读写方式打开 student. txt 文件,可以向该文件写入数据,也可以读出其内容.
```

使用 RandomAccessFile 类对象读写文件内容，可以通过移动文件指针来指定读写位置，从而实现随机。

另外，要随机读某个学生的信息，必须明确知道其存储位置，将学生实体类描述成定长格式。

实现代码 12.9：

```
import java.io.RandomAccessFile;
public class RandomAccessFileTest{
    public static void main(String[] args) throws Exception {
    Student[] students = { new Student("linda", 18), new Student("张三", 19), new Student("李四", 20)};
        RandomAccessFile raf = new RandomAccessFile("student.txt", "rw");
        //以读写方式打开 student.txt 文件,如果 student.txt 不存在会建立它
        for (int i = 0; i < students.length; i++) {        //依次写入 3 个学生信息
            raf.writeChars(students[i].getName());        //写入一个字符串:姓名
            raf.writeInt(students[i].getAge());           //写入一个整数:年龄
        }
        String name = "";
        //读第一条记录
        raf.seek(0);                                      //指针移动文件头
        for (int i = 0; i < Student.LEN; i++) {           //读出姓名串
            name += raf.readChar();
        }
        System.out.println("第一条记录:" + name.trim() + " " + raf.readInt());
        //读出年龄值,和读出的姓名去掉空格一起输出
        //读最后一条记录
        name = "";
        raf.seek(raf.length() - (Student.LEN * 2 + 4)); //指针移到最后一条记录
        for (int i = 0; i < Student.LEN; i++) {
            name += raf.readChar();
        }
        System.out.println("最后一条记录:" + name.trim() + " " + raf.readInt());
        //修改第一条记录后重新输出
        raf.seek(0);
        Student e = new Student("Linda", 19);
        raf.writeChars(e.getName());
        raf.writeInt(e.getAge());
        name = "";
        raf.seek(0);                                      //指针重新移到第一条记录
        for (int i = 0; i < Student.LEN; i++) {
            name += raf.readChar();
        }
        System.out.println("年龄值被修改后的第一条记录:" + name.trim() + " " + raf.readInt());
    }
}
//每个学生包含 8 个字符(16 个字节)的 name 和 4 个字节的 age,故每个学生占用 20 字节的空间
class Student {
```

```
    private String name;                          //学生姓名
    private int age;                              //学生年龄
    public static final int LEN = 8;              //学生姓名定长,8个字符
    public Student(String name, int age) { //为了保证学生信息定长存储
        if (name.length() > 8) { //判断学生姓名是否是8个字符,超过则截取,不足则补空
            name = name.substring(0, LEN);
        } else {
            while (name.length() < LEN) {
                name += " "; //补上一个空格
            }
        }
        this.name = name;
        this.age = age;
    }
    public String getName() {
        return name;
    }
    public int getAge() {
        return age;
    }
}
```

程序运行结果如下:

```
第一条记录:linda 18
最后一条记录:李四 20
年龄值被修改后的第一条记录:Linda 19
```

知识点:

(1) 在创建 RandomAccessFile 类对象的同时，系统自动创建了一个指向这个文件开头的指针，初始值为 0，每读写一个字节，指针自动加 1。控制指针移动的方法有:

long getFilePointer(): 返回当前文件指针。

void seek(long pos): 文件指针移到指定位置。

int skipBytes(int n): 文件指针向后移动 n 个字节，返回指针实际移动的字节数。

(2) 调用 length()方法可以获取文件的长度。

(3) RandomAccessFile 类实现了 DataOutput 与 DataInput 接口，可以读写 Java 中的各种基本类型数据。

任务 5　记录用户的登录信息到文件（对象流）

任务:

将登录到某论坛上的用户登录信息（用户名、登录时间）存放在一个本地文件中，并且可以从文件中恢复用户登录信息。

技能目标：

- 理解对象的序列化机制
- 会使用对象输出流保存对象的状态信息
- 会使用对象输入流恢复对象

任务分析：

为了给浏览网站的用户提供一个更友好的人文化的浏览环境，同时也能更准确地收集访问者的信息，当用户浏览某网站时，Web 服务器会在其硬盘上存储一个非常小的文本文件，来记录用户 ID、密码、浏览过的网页、停留的时间等信息。也就是说，将对象（此处是浏览网站的用户）保存到文件中，目的是为了能长久地保存对象的状态，这一过程称作对象的序列化。

当此用户再次来到该网站时，网站通过读取 Cookies，得知其信息，就可以做出相应的动作，如在页面显示欢迎的标语，或者该用户不用输入 ID、密码即可直接登录等等。这一过程称作对象的反序列化——从文件中读出并恢复对象。

对象序列化使用对象输出流 ObjectOutputStream 来实现，对象反序列化使用对象输入流 ObjectInputStream 来实现。只有实现了 Serializable（可序列化）接口类型的对象才可以被对象流读写。对象序列化步骤如下：

（1）定义一个可序列化的对象。

（2）构造对象输出流，使用其 writeObject( )方法将对象保存到文件。

（3）需要时构造对象输入流，使用其 readObject()方法从文件中读出对象（是 Object 类型），通过强制类型转换复原对象，完成反序列化。

实现代码 12.10：

```
import java.io.*;
import java.util.*;
public class Login implements Serializable {
  private Date date = new Date();
  private String username;
  private transient String password;      //关键字 transient 在这里表示当前内容将不被序列化
  Logon(String name, String pwd) {
     username = name;
     password = pwd;
  }
  public String toString() {
     String pwd = (password == null) ? " *** " : password;
     return "login info: \n " + "username: " + username + "\n date: " + date + "\n password: " + pwd;
  }
  public static void main(String[ ] args) throws IOException, ClassNotFoundException {
     Login user = new Login("linjx", "666666");
     //构造对象输出流到文件流,文件 Login.txt 是对象序列化的目的地
     ObjectOutputStream uo = new ObjectOutputStream(new FileOutputStream("Login.txt"));
     uo.writeObject(user);                         //将对象写入流
```

```
20         uo.close();
21         long t = System.currentTimeMillis() + 10 * 1000;
22         while (System.currentTimeMillis()< t);          //等待 10 秒后再恢复登录信息
23         //构造对象输入流到文件流,从文件 Login.txt 中恢复对象
24         ObjectInputStream in = new ObjectInputStream(new FileInputStream("Logon.txt"));
25         System.out.println("恢复对象时间 " + new Date());
26         user = (Login) in.readObject();                  //恢复对象
27         System.out.println(user);
28     }
29 }
```

知识点：

（1）ObjectInputStream 和 ObjectOutputStream 需要其他的字节流作参数来构造对象。例如：

```
ObjectOutputStream uo = new ObjectOutputStream(new FileOutputStream("Login.txt"));
//新建一个对象输出流连接到文件输出流,对象序列化的目的地是文件 Login. txt
ObjectInputStream in = new ObjectInputStream(new FileInputStream("Login.txt"));
//新建一个对象输入流连接到文件输入流,可以从文件 Login.txt 中恢复对象
```

（2）只有可序列化的对象才能被序列化。可序列化的对象，就是一个实现了 Serializable 接口的类的对象。Serializable 接口中没有方法，因此其实现类不需要实现额外的方法。

（3）序列化能保存的元素是对象的非静态成员变量，不能保存任何的成员方法和静态的成员变量，而且序列化保存的只是变量的值，对于变量的任何修饰符，都不能保存。

（4）一般要将描述敏感信息的变量加上关键字 transient 声明表示它的值将不被序列化。比如 Login 中的密码，需要保密，所以没有被写入文件。

● 代码 12.10 中，去掉第 6 行的 transient 修饰符，编译运行后结果如下：

```
恢复对象时间 Tue Mar 02 01:58:39 GMT 2010
用户登录信息:
用户名: linjx
登录时间: Tue Mar 02 01:58:29 GMT 2010
密码: 666666
```

● 加上 transient 修饰符，编译运行后结果如下：

```
恢复对象时间 Tue Mar 02 02:02:38 GMT 2010
用户登录信息:
用户名: linjx
登录时间: Tue Mar 02 02:02:28 GMT 2010
密码: ***
```

·课后练习题 12·

1. 现有两个文件“file1. txt”和“file2. txt”，要求将前者的内容添加到后者末尾。

提示：“file1. txt”是要读的文件，构造连接到该文件的输入流；“file2. txt”是要写的

文件，并且应该以追加方式写入，所以要使用可以指定追加方式的构造方法构造连接到该文件的输出流。

2. 使用字符方式读写文件，实现文件的复制。

3. 使用基于字符的缓冲流实现文件复制。

4. 使用 File 类中各种方法来完成对文件“FileTest. java”的操作：获取其路径、文件长度、最后一次修改时间，测试是否可读、可写，改名为“File. txt”等。

5. 列出目录 D:\myjava\下的所有的 . doc 文件。

提示：

(1) 先定义一个文件名过滤器类 filter：实现接口 FilenameFilter，接口中有方法 boolean accept (File dir，String name)，测试路径 dir 下的文件 name 是否应该包含在文件列表中，如问题中应该测试路径 D:\myjava\下文件是否以“. doc”结尾：name. endsWith (“. doc”)。

(2) 当调用 list(filter) 方法显示文件清单时，原始清单中的每一项会自动调用 accept 方法，如果 accept 方法返回 ture，则相应的这一项就留在清单中；否则相应的项目从清单中除去。

6. 将若干个学生信息存储到文件中，再从中读出所有学生信息输出到控制台。

提示：需要定义学生实体类，可以将要写入文件的学生信息暂存到一个学生数组，再使用循环依次取出数组元素，使用 getter()方法获取学生信息，使用数据输出流相应的write()方法写入文件。

7. 把若干个 int 型的整数写到文件中，然后利用 seek 方法，再以相反的顺序读取这些数据。

8. 将多个学生信息保存到文件“students. txt”中，再从该文件中读出信息并恢复后输出到控制台或数据库中。

提示：

(1) 要定义一个 Student 类，实现 Serializable 接口。

(2) 在使用对象流向文件写入多个对象时要一次全部写入，不能够采用追加方式。所以，要把所有要保存的对象放入 student 数组，将该对象数组写入文件中；反序列化是序列化的逆过程，取出对象后，使用类型转换还原成 Student[]，依次输出数组中的 Student 对象即可。

参 考 文 献

［1］［美］Bruce Eckel. Java编程思想（第4版）（Thinking in Java）. 北京：机械工业出版社，2007.

［2］［美］Cay S. Horstmann，GaryCornell. Java核心技术 卷Ⅰ（原书第8版）. 北京：机械工业出版社，2008.

［3］［美］Cay S. Horstmann，GaryCornell. Java核心技术 卷Ⅱ：高级特性（原书第8版）. 北京：机械工业出版社，2008.

［4］吴亚峰，纪超. Java SE 6. 0编程指南. 北京：人民邮电出版社，2007.

［5］张利国，刘伟. Java SE应用程序设计. 北京：科学出版社，2008.

［6］王建虹. Java程序设计. 北京：高等教育出版社，2007.

［7］［美］Eric J. Bruno，Greg Bollella. Java实时编程（Real-Time Java Programming：With Java RTS）. 北京：机械工业出版社，2010.

［8］毛志雄. Java程序设计教程. 北京：北京理工大学出版社，2008.

图书在版编目（CIP）数据

Java实例应用教程/王建虹主编
北京：中国人民大学出版社，2010
（全国高职高专计算机系列精品教材）
ISBN 978-7-300-12432-2

Ⅰ.①J…
Ⅱ.①王…
Ⅲ.①JAVA语言-程序设计-高等学校：技术学校-教材
Ⅳ.①TP312

中国版本图书馆CIP数据核字（2010）第133444号

全国高职高专计算机系列精品教材
Java实例应用教程
主　编　王建虹
副主编　蔡吸礼　张海玉　李　琳

出版发行　中国人民大学出版社
社　　址　北京中关村大街31号　　　**邮政编码**　100080
电　　话　010－62511242（总编室）　　010－62511398（质管部）
010－82501766（邮购部）　　010－62514148（门市部）
010－62515195（发行公司）　　010－62515275（盗版举报）
网　　址　http://www.crup.com.cn
http://www.ttrnet.com(人大教研网)
经　　销　新华书店
印　　刷　北京东方圣雅印刷有限公司
规　　格　185 mm×260 mm　16开本　　**版　　次**　2010年8月第1版
印　　张　14　　**印　　次**　2010年11月第2次印刷
字　　数　329 000　　**定　　价**　26.00元

教师信息反馈表

为了更好地为您服务，提高教学质量，中国人民大学出版社愿意为您提供全面的教学支持，期望与您建立更广泛的合作关系。请您填好下表后以电子邮件或信件的形式反馈给我们。

您使用过或正在使用的我社教材名称		版次	
您希望获得哪些相关教学资料			
您对本书的建议(可附页)			
您的姓名			
您所在的学校、院系			
您所讲授课程名称			
学生人数			
您的联系地址			
邮政编码		联系电话	
电子邮件(必填)			
您是否为人大社教研网会员	□ 是　会员卡号:____________ □ 不是，现在申请		
您在相关专业是否有主编或参编教材意向	□ 是　□ 否 □ 不一定		
您所希望参编或主编的教材的基本情况(包括内容、框架结构、特色等，可附页)			

我们的联系方式：北京市海淀区中关村大街 31 号

中国人民大学出版社教育分社

邮政编码：100080

电话：010-62515913

网址：http://www.crup.com.cn/zyjy/

E-mail：jyfs_2007@126.com

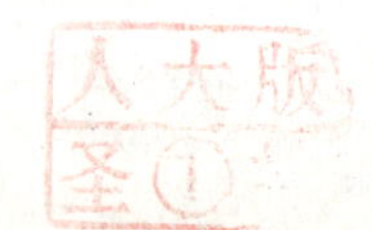